100 雪花花样钩编图典

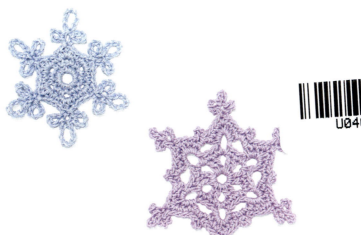

100 雪花花样钩编图典

亲手钩出片片雪花——自用送人两相宜

(美)凯特琳·塞尼奥 著　王婉芳 译

河南科学技术出版社
·郑州·

100 SNOWFLAKES TO CROCHET
Copyright© 2012 Quarto, Inc.
All rights reserved
Simplified Chinese Edition Copyright © 2015 by Henan Science and Technology Press

版权所有，翻版必究
豫著许可备字-2015-A-00000019

图书在版编目（CIP）数据

100雪花花样钩编图典/（美）塞尼奥著；王婉芳译.
— 郑州：河南科学技术出版社，2015.3
ISBN 978-7-5349-7640-7

Ⅰ.①1… Ⅱ.①塞… ②王… Ⅲ.①钩针－编织－
图集 Ⅳ.①TS935.521-64

中国版本图书馆CIP数据核字（2015）第025587号

出版发行	河南科学技术出版社
地　址	郑州市经五路66号
邮　编	450002
电　话	（0371）65737028
网　址	www.hnstp.cn
责任编辑	冯　英
责任校对	王永华
封面设计	张　伟
责任印制	朱　飞
印　刷	广东省博罗园洲勤达印务有限公司
经　销	全国新华书店
幅面尺寸	222mm×222mm
印　张	10.5
字　数	240千字
版　次	2015年3月第1版
	2015年3月第1次印刷
定　价	40.00元

如发现印、装质量问题，影响阅读，请与出版社联系。

目录

- 前言 …………………… 6
- 关于本书 ……………… 6

1 钩织基础 …………… 8
- 工具和材料 …………… 10
- 符号和缩写 …………… 12
- 钩织技法 ……………… 14

2 雪花花样 …………… 20

3 雪花图谱及钩织方法 …… 42
- 初级图案 ……………… 44
- 中级图案 ……………… 60
- 高级图案 ……………… 86

4 作品展示 …………… 110
- 作品1：让人温暖的帽子和手套 …… 112
- 作品2：可爱的礼物标签和卡片 …… 114
- 作品3：灵动而梦幻的风铃挂饰 …… 116
- 作品4：雪花装饰的靠垫 …………… 118
- 作品5：雪花小挂件 ………………… 120
- 作品6：冰雪艺术镜框 ……………… 122
- 作品7：漫天飞雪的披肩 …………… 124

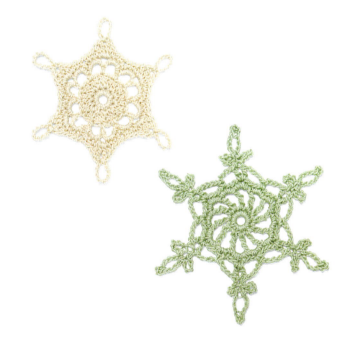

前 言

初次接触钩针编织还是小学时在我的一个同学那里，当时觉得钩织很有趣，于是她就教了我一些基本针法。从此我一发不可收，又在家里找到了妈妈的一本钩织书开始学。几年过去，我越来越感受到钩织的魅力，让我不可救药地爱上了它。只是一根普普通通的线，通过钩织，就会变成一片片美丽的蕾丝雪花片，这是一件多么神奇的事啊！对我来说，钩织就是制造幸福的过程，我想我会一直继续下去的。

在所有的钩织花样中，我最欢的就是雪花图案了。雪花晶莹洁白，六角形的外形中包含着千变万化的效果，正如"世界上没两片完全相同的雪花"一样，通过钩织针法的变化也可以随意地创造这种六边对称的图形。钩针上下翻飞，一片一片雪花就在你手中出现了，它们那么纯洁，那么美好，就像自然界中真实的雪花一样，你会不会觉得自己有一种魔法呢？也许你就是那个美丽的冰雪女王吧！书中收集的各种雪花花样美丽优雅而富于变化，希望能给初学者和有一定基础的钩织爱好者提供创作的灵感，现在，拿起钩针享受钩织乐趣吧！创造一片片雪花，也许只需要数小时，但带给你的幸福感，却会一直持续下去。

凯特琳·塞尼奥

关于本书

本书中共有100种钩织花样供你选择，通过你的巧手及构思，一定能创造出独特的各种配饰、礼物、服饰或者家居装饰用品。

第1部分：钩织基础
（8~19页）

本书从基础的握针开始，详尽地介绍了钩织所需要的工具材料、钩织的符号、缩写及一些常用的针法。无论你是初学者还是有一定基础的钩织爱好者，都能从书中找到你需要的部分，开始你的雪花片钩织。

第2部分：雪花花样
（20~41页）

这部分展示了100种美丽的雪花钩织花样，方便你在浏览后挑出自己喜欢的花样，翻到相应的页码，你就能看到该花样的图谱及文字叙述的钩织方法。

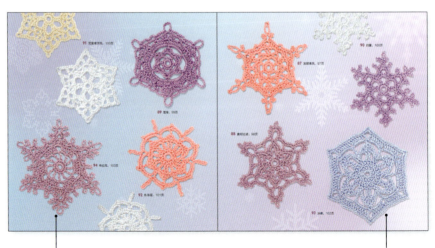

每个花样都展示了与实际大小相同的实物，并显示出与页面中的其他花样相比的相对大小。

每个花样都标出了名字及图谱所在的页码（在42~109页范围内）。

第3部分：雪花图谱及钩织方法
（42~109页）

这部分介绍了该如何完成一个雪花片的钩织过程。每一个雪花花样都配有成品展示、钩织图谱及文字说明。参考钩织图谱或者文字说明甚至两者结合可以帮助你完成作品。所有的花样都是用10号线和5号钩针（1.9mm）完成的，当然也可以按自己的要求来选择钩针和线。图谱按照难易程度排列，分为初级、中级和高级。

每个雪花花样都有详尽的说明

难易程度在该页的边沿显示：初级，中级，高级

完成图

每个花样都有与文字说明相应的图谱

第4部分：作品展示
（110~125页）

这部分列举了一些用雪花造型完成的漂亮作品，有服饰配件、礼物以及家居用品。读者可以按照这些设计来钩织自己的作品，也可以为自己的设计找到一些灵感及素材。

作品2：可爱的礼物标签和卡片
冬日里的节日或者其他任何值得庆祝的日子，你都可以挑织几片雪花粘贴在卡片上，做成可爱的礼物标签和贺卡。这份独一无二的礼物一定会让收到它的朋友激动得尖叫。

每个作品都配有特写照片显示制作及搭配的细节

每个作品都配有成品的照片

1 钩织基础

这部分详细介绍了钩织需要用到的工具、线材、钩织符号、钩织针法以及钩织完成后作品的整形方法。你可以先对上述基础进行了解和掌握,这样在钩织下一部分(42~109页)中的雪花花样时就能更加游刃有余,方便快捷了。

工具和材料

钩织雪花片的一大优点就在于它不需要很多特殊的工具，只要有一把钩针，一团线，在任何地方都可以开始钩织。下面介绍的是钩织需要用到的材料和小工具。

线

雪花片通常使用棉线进行钩织，棉线规格从3号直到100号，号码越大表示线越细。越粗的线钩起来越容易。为方便初学者，本书中的花样都是用10号线钩织的。有一定基础的朋友可以尝试用更细的线，当然钩针也要相应换成更细的型号，这样就可以钩出更加轻盈小巧的雪花片了。可以尝试使用其他的线比如蕾丝线、绣花线，或许会创造出意想不到的效果呢。

剪刀

钩织时最好配有一把小巧而锋利的尖头剪刀，方便在钩织结束的时候剪断线。

钩针

若要钩织，一把小巧的不锈钢钩针是必不可少的工具。本书中推荐使用5号钩针（1.9mm）来钩织10号线，不过很多书中建议10号线更适合用7号（1.65mm）或8号（1.5mm）钩针。选择钩针时，线的粗细是一个重要因素，但更重要的是操作者的喜好。只要你用起来舒服，其实任何型号的钩针都可以用来钩织。

上浆和定型

大多数雪花片需要通过定型来保持形状。可以根据作品的用途以及个人的喜好来选择定型的方法。洗衣用淀粉浆（或酸性淀粉浆及高浓度喷涂淀粉浆）通常用于壁挂式或贴饰类的定型，这样完成定型后的作品仍保有织物的柔软感。自制的糖浆能达到类似的效果（配方可在网上查询）。纺织专用胶则可以让作品更为硬挺，通常用在饰物、发饰或者一些悬挂小装饰上（也可以用白乳胶加水的混合物替代）。

大头针

大头针一般由不锈钢、镀镍的铜或者其他一些不会生锈的材料制成，它可以把雪花片固定好，方便上浆和定型。大头针使用之前最好确认一下是否生锈或掉色，以防将作品污染。试验时，取一小块白色的织物或小型的钩织作品，将大头针固定在织物上，上浆干燥后，检查是否变色或有锈迹。

定型板

钩好的雪花片最好放在定型板上进行定型，定型板可用家中现成的材料制成，又方便又快捷，需要的材料有纸、胶带、纸板或软木板、保鲜膜等，具体方法见19页。

符号和缩写

这几页介绍了钩织常用的缩写、符号、术语，方便读者。

英语/美语钩织术语对比

本书中的钩织术语采用美语，与英语略有区别，读者可依据下表查阅对应的英语钩织术语。

中文	美语	英语
短针	single crochet (sc)	double crochet (dc)
中长针	half double crochet (hdc)	half treble (htr)
长针	double crochet (dc)	treble (tr)
长长针	treble (tr)	double treble (dtr)
长长长针	double treble (dtr)	triple treble (trtr)

钩织符号和缩写

符号	名称	缩写	中文
○	chain	ch	锁针
●	slip stitch	ss	引拔针
+	single crochet	sc	短针
T	half double crochet	hdc	中长针
ǂ	double crochet	dc	长针
ǂ	treble	tr	长长针

加针符号

通常在上一行的短针或锁针处完成加针过程，通常会描述为"在下一针中钩几针"或者在每行开始的地方说"在接下来的每一针中钩几针"。加针符号如下所列：

- 短针加1针
- 长针加1针
- 长针加2针
- 长长针加1针
- 长长针加2针

其他说明

本书中所列雪花片都由10号线和5号钩针（1.9mm）钩出。

星号（* **）表示重复操作的开始处和结束处：

· 从* 重复	表示：	重复从*处开始到此处的所有步骤。
· 从 * 到 **重复	表示：	重复从*到**范围内的步骤。

因为雪花是一个正六边形对称图形，因此在钩织的时候经常会进行重复数次的钩织。

· 从*重复4次，从*到再重复1次**	表示：	从最近一个*处开始重复操作步骤4次，在接着重复第5次时，到**处停止。

雪花结构详解——设计雪花花样小贴士

当你的钩织水平已经足够高的时候，也许你会希望自己设计一些独一无二的雪花片，下面的一些建议也许能帮助你：

☆ 雪花片都是六角形对称图形，通常是转圈钩织的。

☆ 钩织起始的基础环大小需要与实际花样大小相匹配，4个锁针围成的基础环较适合第1圈钩5个短针，而6个锁针所围成的基础环则更适合11个短针。

☆ 第1圈的针数应该是6的倍数，即钩5个短针加1个起立针，或者钩11个短针加1个起立针。如果喜欢，可以在这些针中增加锁针的长度来形成点、环或枝杈的效果。

☆ 只要设计一个角的图案，根据雪花六角对称的特性，重复6次就能形成一个逼真的雪花造型。随着圆形的不断扩大，增加一些锁针就可以形成不同的雪花造型。

☆ 在钩织雪花片的过程中，你可能打算在起始的一两圈按照本书中的图谱进行，而在花样的边沿按照自己的想法进行变化。参考本书中的"东北暴风雪系列"（53~54页）或者其他成系列的雪花片花样会对你的想法有所帮助，从而使你在一个基础花样上衍变出不同的雪花片来。

钩织技法

这部分为初学者或是有一定基础的读者介绍了本书中用到的钩织针法、一些必要的知识以及作品最后处理的办法。如果你从未钩织过，可以先用比较大的钩针和中粗线进行练习，熟练之后再换线。

如何握针和线

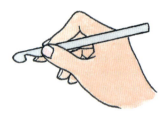

1. 最常用的握针方法是像握笔一样握针，用右手拇指和食指握住钩针，针在手上方，如图所示。

2. 还有一种方法是像握着一把小刀一样握针，用右手拇指和食指握住钩针，针在手下方，如图所示。

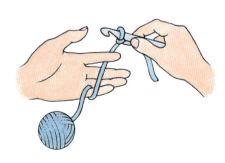

3. 带线的时候，先将线头用握针的手抓好，然后将线在另一只手（通常是左手）的小指上绕一圈，再通过左手食指，这样线就可以平滑地带过来了。用左手中指帮着固定作品。通常是右手握针，左手带线，如果是左手习惯的人，也可以相反地操作。

打活结

1. 如图所示，将线挽个圈，将钩针穿过线圈，钩住线，使钩针上形成1个线圈。

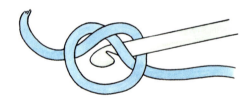

2. 慢慢拉线，使针上的线圈大小合适即可。

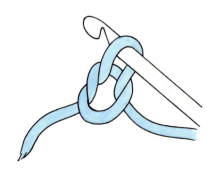

基础链条（锁针）

以锁针钩一根基础链条相当于编织的起针。按照花样确保起针的针数正确很重要。它的长度取决于钩织花样的大小。链条上的每一个"V"形线圈就是1针，挂在钩针上的线圈不算。数针数的另外一个方法就是将基础链条翻转，每一个"山"就是1针。第1行（通常叫基础行）就钩在这条基础链条上，钩针穿过一根或两根线都可以。

1 右手手持套好活结的钩针，左手带线。钩针上绕线，往回钩拉钩针，使线穿过钩针上的线圈，形成1个新的线圈，即完成1个锁针的钩织。

2 重复"1"中的步骤，用钩针不断地绕线、拉线，钩到需要的长度，即形成1个锁针链条。每钩上几针，左手的拇指和食指就需要向上移动一点，以便于更好地控制每针锁针的大小。钩第1行时，钩针插入链条中的一根线下（边缘较松）或两根线下（边缘较紧）都可以。

引拔针

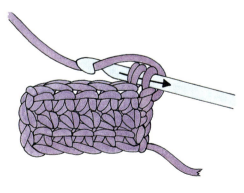

引拔针是所有钩织针法里最短的一种，通常用于圆形的闭合、连接接缝、带线或者移动起始针的位置。钩的时候，将钩针从前往后插入需要钩引拔针的针目，针上绕线（线在针上面），然后拉动钩针使线依次穿过织物上的针目和钩针上的线圈，此时钩针上保留1个线圈，1个引拔针就钩好了。

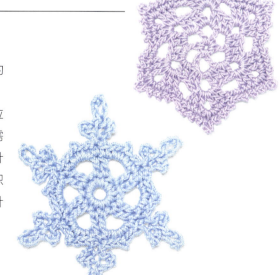

短针

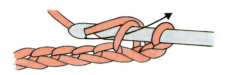

1. 从基础链条（钩法见15页）开始，将钩针从前往后插入从钩针数的第2针中，绕线（线在针上方），钩针钩线穿过钩针上的第1个线圈，此时钩针上有2个线圈。

2. 再次绕线，钩针钩线一次穿过针上的2个线圈，此时钩针上保留1个线圈，即完成1针短针的钩织。按这样的方法依次将链上的每1针上都钩1个短针。

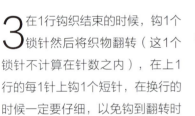

3. 在1行钩织结束的时候，钩1个锁针然后将织物翻转（这1个锁针不计算在针数之内），在上1行的每1针上钩1个短针，在换行的时候一定要仔细，以免钩到翻转时钩的锁针，造成针数的变化。

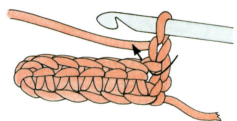

中长针

1. 从基础链条（钩法见15页）开始，针上绕线后，将钩针从前往后插入从钩针数的第3针中。

2. 从锁针中把线钩出，钩针上有3个线圈，绕线，钩针钩线一次穿过钩针上的3个线圈，此时钩针上只有1个线圈，1个中长针就钩好了。

3. 在每个锁针上重复上述钩法，完成1行中长针的钩织。在1行结束的时候，钩2个锁针然后翻转织片。这2个锁针所形成的链条当作新的1行的第1针，因此要跳过上1行的第1针。在这1行结束的时候，将最后1针钩在上1行2个锁针所形成的链条上。

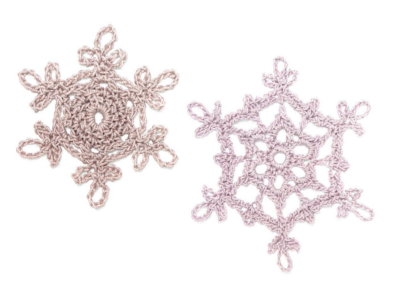

长针

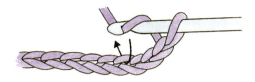

1 从基础链条（钩法见15页）开始，针上绕线后，将钩针从前往后插入从钩针数的第4针中。

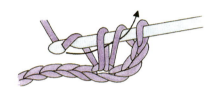

2 从锁针中把线钩出，钩针上有3个线圈，绕线，钩针钩线一次穿过钩针上的前2个线圈，此时钩针上还有2线圈。

3 绕线，钩针钩线一次穿过钩针上的这2个线圈，此时钩针上只有1个线圈，1个长针就钩好了。在每个锁针上重复上述钩法，完成1行长针的钩织。在1行结束的时候，钩3个锁针然后翻转织片。这3个锁针所形成的链条当作新的1行的第1针，因此要跳过上1行的第1针。在这1行结束的时候，将最后1针钩在上1行3个锁针所形成的链条上。

长长针

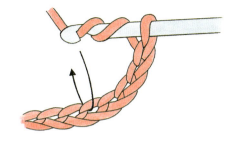

1 从基础链条（钩法见15页）开始，针上绕线2次后，将钩针从前往后插入从钩针数的第5针中。

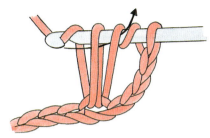

2 从锁针中把线钩出，绕线，钩针钩线一次穿过钩针上的前2个线圈，此时钩针上还有3个线圈。

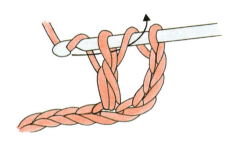

3 绕线，钩针钩线一次穿过钩针上的前2个线圈，此时钩针上还有2个线圈。

4 再次绕线，钩针钩线一次穿过钩针上的2个线圈，此时钩针上只有1个线圈，1个长长针就钩好了。

5 沿着这1行往下钩，在每个锁针上重复上述钩法，完成1行长长针的钩织。在1行结束的时候，钩4个锁针然后翻转织片。这4个锁针所形成的链条当作新的1行的第1针，因此要跳过上1行的第1针。在这1行结束的时候，将最后1针钩在上1行4个锁针所形成的链条上。

圆形的钩织

雪花片通常采用圆形钩织，即在1个基础圆环上不断地扩大而形成。

基础圆环的钩织

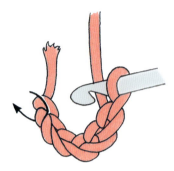

根据花样的需要钩1个短的锁针链条，用引拔针将第1针和最后1针联起来即可形成1个圆环。

在基础圆环上钩织

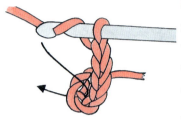

1. 基础圆环钩好之后，首先钩几个锁针当作起立针（锁针的针数取决于这1圈的针法，若是短针则钩1针起立针，若是中长针则钩2针，若是长针则钩3针，依次类推，本文暂以长针为例），针上绕线后将针插入圆环之中，钩长针，长针的针数根据花样的需要。

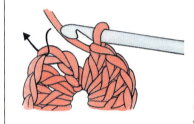

2. 第1针和最后1针用引拔针连接，即完成1圈圆形的钩织。

织片收尾

使用毛线缝针将织片的第1针和最后1针连接起来，得到平滑的边沿。具体操作如下：

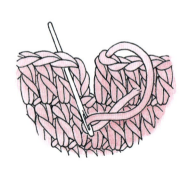

1. 钩织结束的时候，将线保留约10cm后剪断，将线头穿入毛线缝针。面对织片正面，将毛线缝针穿过紧挨着翻面锁针的那针的双股线环中。

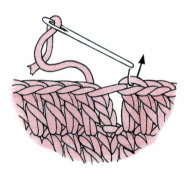

2. 把针拉出，再将针插入最后1针的中间，从背面拉出，完成这1针，再调整针目的长度，使本圈闭合。然后用常用的方式把将线头藏在织物背面即可。

钩织技法 | 19

雪花片的定型

为了让钩好的雪花片平整且对称（保证雪花片作品悬挂时也不变形），适当的定型处理是很有必要的。

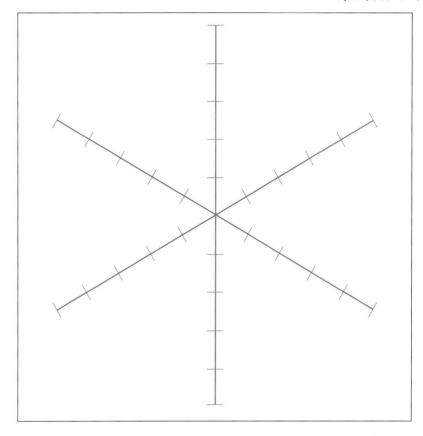

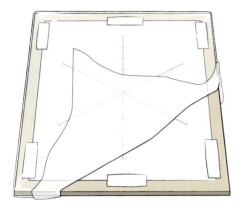

1 首先找一块定型板，定型板可以选择瓦楞纸板、软木纤维板、塑料泡沫板等有一定硬度，大头针又可以很容易插入的材质。将右图描在一张纸上，把这张纸贴在定型板上，然后再覆盖上一张透明的塑料薄膜以便防水。

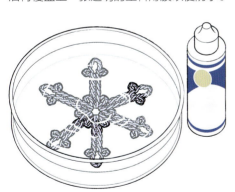

2 将织物浸泡在洗衣用淀粉浆中（或用酸性淀粉浆及高浓度喷涂淀粉浆），然后轻轻挤压出多余的水分。

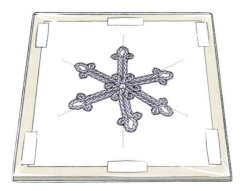

3 将湿的雪花片平铺在定型板上，雪花片的中心对准基准线的中心，六个雪花瓣对准六根基准线，调整每一个雪花瓣和线圈，使其对称且自然舒展。

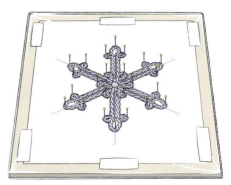

4 用大头针固定雪花片，待其干透，即可从定型板上取下，完成定型。

2 雪花花样

这部分展示了100种美丽的雪花钩织花样,方便你在浏览后挑出自己喜欢的花样,翻到相应的页码,你就能看到该花样的图谱及文字叙述的钩织方法。

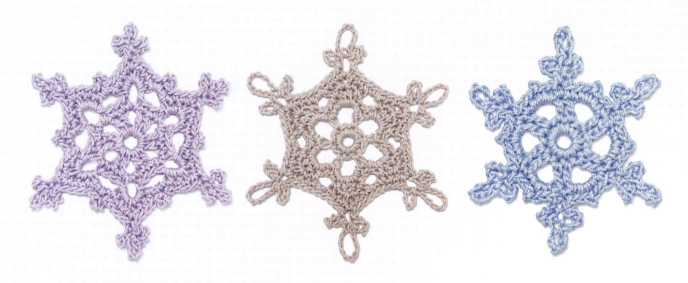

23

11 湖景，49页

6 极地冰川，46页

8 飞雪，47页

7 滴晶，47页

9 纳尔旁风，48页

4 春天的雪，45页

43 高山冰川，67页

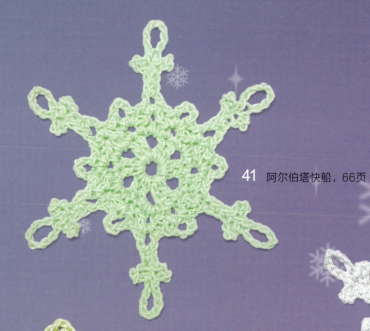

41 阿尔伯塔快船，66页

47 雨夹雪I，70页

40 银装素裹，65页

46 积冰II，69页

57 卡塞内特风，76页
48 雨夹雪Ⅱ，70页
53 寒北风，74页
49 伏尔加的风，71页
55 冰柱，75页
58 雪崩，77页

65 海上浮冰I，82页

64 埃尔维阵风，81页

68 针状冰，84页

67 东北风，83页

60 密史脱柱风，78页

70 朦胧，85页

74 暴雪，88页

76 北极星，89页

72 西尔佐风，86页

86 米牛阿诺风，96页

83 冻土，94页

81 冰羽，93页

80 海上的烟，92页

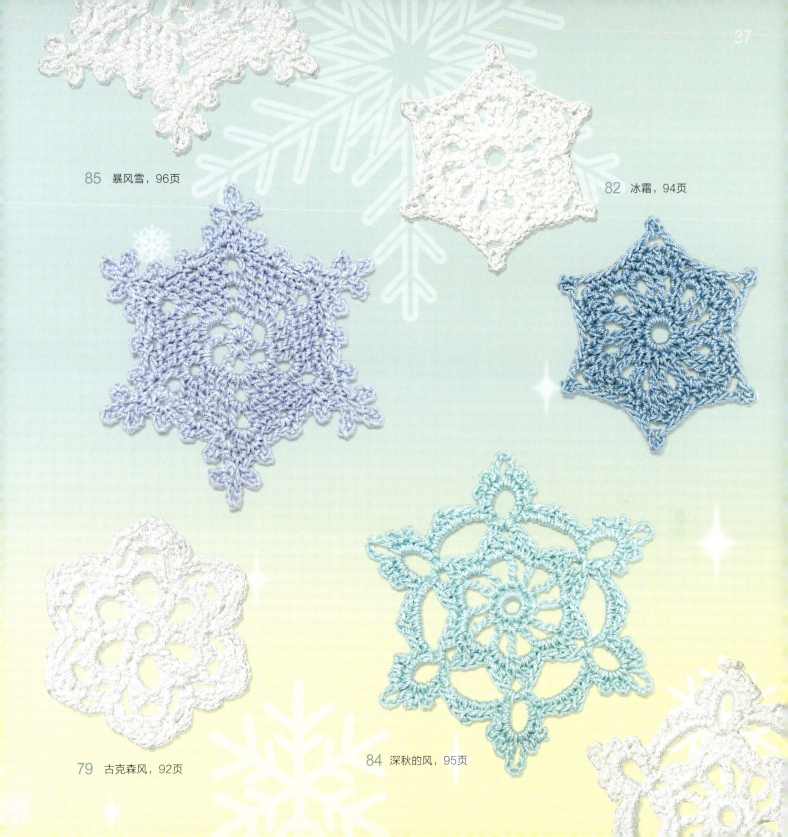

85 暴风雪，96页

82 冰霜，94页

79 古克森风，92页

84 深秋的风，95页

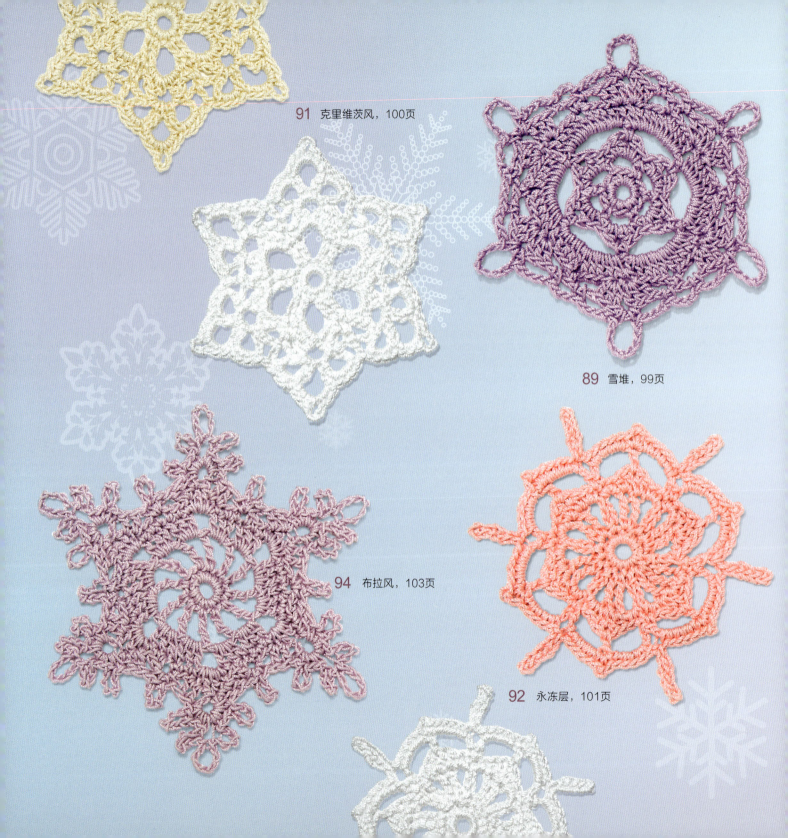

91 克里维茨风，100页

89 雪堆，99页

94 布拉风，103页

92 永冻层，101页

87 加耶果风，97页

90 白露，100页

88 奥坦比诺，98页

93 冰峰，102页

97 弗朗德风暴，106页

98 蓝冰，107页

95 格兰博尔，104页

96 粒雪，105页

100 奥斯吐风，109页

99 大雪，108页

3 雪花图谱及钩织方法

本章节中所列雪花花样按照难易程度分为三种。读者可以把图谱和文字说明结合起来阅读,首先从20~41页的雪花片花样中选择你要的图案,然后找到相应的图谱就可以开始了。慢慢练习,你的钩织技巧会越来越高,就可以挑战更高难度的作品了。

| 1 | **巴伯**
作品展示见22页 |

这个雪花片尺寸较小，边缘较尖，起名巴伯。巴伯是圣劳伦斯湾的大风雪。

作品直径：54mm
用线量：4.6m

基础环： 钩6锁针，用引拔针引拔成环。
第1圈： 3锁针起立（当作1长针），再钩11长针后用引拔针与起始的3锁针中的第3针闭合。
第2圈： 3锁针起立（当作1长针），*1锁针，1长针，8锁针引拔成环，**在下1长针上钩1长针。从*重复4次后，再从*到**重复1次（这一次，**后面的不用再钩，下同），用引拔针与起始的3锁针中的第3针闭合。
第3圈： 1锁针起立（当作1短针），*在上圈锁针处钩1短针。在长针处钩1短针，1锁针。在针环上钩3短针，3锁针，3短针。钩1锁针。**在接下来的长针处钩1短针。从*重复4次，再从*到**重复1次。用引拔针与起始的1锁针闭合，断线，将线头藏好，编织完成。

技术难度：初级

| 2 | **霜**
作品展示见22页 |

深秋的早晨，你的窗户上也许会出现这样的图案。

作品直径：44mm
用线量：3.7m

基础环： 钩6锁针，用引拔针引拔成环。
第1圈： 1锁针起立（当作1短针），再钩11短针后用引拔针与起始的1锁针起立针闭合。
第2圈： 1锁针起立（当作1短针），*7锁针，跳过1短针，在下1短针上钩1短针。从*重复4次后，7锁针，用引拔针与起始的1锁针起立针闭合。
第3圈： 用引拔针将线移到7锁针处，3锁针起立（当作1长针），在7锁针处钩2长针，1锁针，3长针，在其余5个7锁针处各钩[3长针，1锁针，3长针]。用引拔针与起始的3锁针闭合，断线，将线头藏好，编织完成。

| 3 | **星状晶**
作品展示见22页 |
|---|---|

星状晶是扁平、星星形状的冰晶，是一种完美的雪花。

作品直径：73mm
用线量：4.6m

基础环： 钩6锁针，用引拔针引拔成环。
第1圈： 1锁针起立（当作1短针），再钩11短针，后用引拔针与起始的1锁针起立针闭合。
第2圈： 3锁针起立（当作1长针），1长针，*3锁针，2长针。从*重复4次后，3锁针，用引拔针与起始的3锁针中的第3针闭合。
第3圈： 1锁针起立（当作1短针）。*11锁针，最后4针用引拔针组成环，6锁针，引拔与上一圈下一短针处连接。然后在3锁针处钩[2短针，6锁针，2短针]。**1短针，从*处开始重复上述过程4次后，再从*到**重复1次。用引拔针与起始的1锁针闭合，断线，将线头藏好，编织完成。

| 4 | **春天的雪**
作品展示见23页 |
|---|---|

春天到了，雪花也会略湿润而松散，正如这片雪花给人的感觉一样。

作品直径：73mm
用线量：4.6m

基础环： 钩6锁针，用引拔针引拔成环。
第1圈： 1锁针起立（当作1短针），再钩11短针，后用引拔针与起始的1锁针起立针闭合。
第2圈： 3锁针起立（当作1长针），1长针，*3锁针，2长针。从*重复4次后，3锁针，用引拔针与起始的3锁针中的第3针闭合。
第3圈： 3锁针起立（当作1长针）。在接下来的长针处钩1长针，*在3锁针处钩2长针，8锁针引拔成环，2长针。**接下来的2长针上各钩1长针。从*重复4次，再从*到**重复1次。用引拔针与起始的1锁针闭合，断线，将线头藏好，编织完成。

5 内华达
作品展示见22页

可爱的小雪花，也许是冰川上吹来的寒风带到内华达州的吧。

作品直径：57mm
用线量：4.6m

基础环： 钩6锁针，用引拔针引拔成环。
第1圈： 1锁针起立（当作1短针），再钩11短针，后用引拔针与起始的1锁针起立针闭合。
第2圈： 3锁针起立（当作1长针），1长针，*3锁针，2长针。从*重复4次后，3锁针，用引拔针与起始的3锁针中的第3针闭合。
第3圈： 1锁针起立（当作1短针）。*5锁针，最后4针引拔成环，6锁针引拔成环，4锁针引拔成环，引拔针连接最初5锁针的第1针，1短针。在3锁针处钩[2短针，2锁针，2短针]，**在长针处钩1短针。从*重复4次，再从*到**重复1次。用引拔针与起始的1锁针闭合，断线，将线头藏好，编织完成。

6 极地冰川
作品展示见23页

看似复杂的花样，实则由简单的线条及装饰组成。

作品直径：70mm
用线量：5.5m

基础环： 钩6锁针，用引拔针引拔成环。
第1圈： 3锁针起立（当作1长针），再在基础环上钩11长针，后用引拔针与起始的3锁针中的第3针闭合。
第2圈： 1锁针起立（当作1短针），下一长针处钩1短针。*4锁针，下一长针处钩1短针。从*重复4次后，4锁针，用引拔针与起始的1锁针起立针闭合。
第3圈： 1锁针起立（当作1短针），下一短针处钩1短针。*在4锁针处钩[2短针，3锁针，2短针]。**下2短针处钩2短针。从*重复4次，再从*到**重复1次。用引拔针与起始的1锁针闭合。
第4圈： 1锁针起立（当作1短针），*9针锁针，最后4针用引拔针组环，5锁针，下一短针处钩短针，4锁针，下一3锁针组成的线环上钩1长针，4锁针。**跳过2短针，在第3个短针处钩1短针。从*重复4次，再从*到**重复1次。用引拔针与起始的1锁针闭合，断线，将线头藏好，编织完成。

47 | 初级图案

7 滴晶
作品展示见23页

这个设计简单的雪花称为滴晶，正如小水滴形成的小冰晶一样。

作品直径：44mm
用线量：4.6m

基础环： 钩6锁针，用引拔针引拔成环。
第1圈： 1锁针起立（当作1短针），再钩11短针，后用引拔针与起始的1锁针起立针闭合。
第2圈： 1锁针起立（当作1短针），下一短针处钩1短针，*8锁针引拔成环。**后2短针处各钩1短针。从*重复4次，再从*到**重复1次。用引拔针与起始的1锁针起立针闭合。
第3圈： 用引拔针将线移动到上一圈8锁针线圈处，3锁针起立（当作1长针），在此线圈上钩3长针，3锁针，4长针。剩下的5个线圈上各钩[4长针，3锁针，4长针]。用引拔针与起始的3锁针闭合，断线，将线头藏好，编织完成。

8 飞雪
作品展示见23页

冬天的第一场雪，期待已久，在你心里，也许正如这图案一般美好。

作品直径：64mm
用线量：5.5m

基础环： 钩6锁针，用引拔针引拔成环。
第1圈： 3锁针起立（当作1长针），1长针。*2锁针，2长针。从*重复4次后，2锁针，用引拔针与起始的3锁针中的第3针闭合。
第2圈： 3锁针起立（当作1长针），下一长针处钩1长针，*在2锁针处钩[1长针，2锁针，1长针]。**后2长针处钩2长针。从*重复4次，再从*到**重复1次。用引拔针与起始的3锁针中的第3针闭合。
第3圈： 1锁针起立（当作1短针），*4锁针引拔引拔成环，后两个长针处钩2短针，在2锁针处钩1短针，6锁针引拔成环，8锁针引拔成环，6锁针引拔成环，1短针。**后2长针处钩2短针。从*重复4次，再从*到**重复1次。后1长针处钩1短针。用引拔针与起始的1锁针闭合，断线，将线头藏好，编织完成。

技术难度：初级

9 纳尔旁风
作品展示见23页

冬季法国吹来的纳尔旁风，带来了雪花，故此得名。

作品直径：64mm
用线量：6.4m

基础环： 钩4锁针，用引拔针引拔成环。
第1圈： 3锁针起立（当作1长针），*在基础环上钩3锁针，1长针。从*重复4次后，3锁针，后用引拔针与起始的3锁针中的第3闭合。
第2圈： 用引拔针将线移动到上圈3锁针处，3锁针起立（当作1长针）。仍在这个3锁针上钩1长针，2锁针，2长针。在剩下的5个3锁针处各钩2长针，2锁针，2长针。用引拔针与起始的3锁针中的第3针闭合。
第3圈： 3锁针起立（当作1长针），长针处钩1长针。*2锁针处钩[1长针，2锁针，1长针]。**对应长针处钩4长针。从*重复4次，再从*到**重复1次。对应的2长针处钩2长针，用引拔针与起始的3锁针闭合。
第4圈： 1锁针起立（当作1短针），接下来2长针处各钩1短针。*2锁针处钩[2短针，5锁针，2短针]，3长针处各钩1短针。3锁针。**3长针处各钩1短针。从*重复4次，再从*到**重复1次。用引拔针与起始的1锁针闭合，断线，将线头藏好，编织完成。

技术难度：初级

10 波瑞阿斯
作品展示见22页

波瑞阿斯是古希腊寒冷的北风之神，这个名字与这个花样特别吻合。

作品直径：60mm
用线量：3.7m

基础环： 钩6锁针，用引拔针引拔成环。
第1圈： 1锁针起立（当作1短针），再钩11短针，后用引拔针与起始的1锁针起立针闭合。
第2圈： 1锁针起立（当作1短针），*8锁针，最后4针引拔成环，7针引拔成环，4针引拔成环，在刚才8锁针的第4、3、2针处各钩1短针，1锁针跨过刚才8锁针的第1针处，上圈下1短针处钩1短针，6锁针引拔成环。**下1短针处钩1短针。从*重复4次，再从*到**重复1次。用引拔针与起始的1锁针起立针闭合，断线，将线头藏好，编织完成。

11 湖景
作品展示见23页

冬日的风吹过五大湖的湖面，会带来大量的像这个图案一样的雪花。

作品直径：64mm
用线量：4.6m

基础环：钩6锁针，用引拔针引拔成环。
第1圈：1锁针起立（当作1短针），再钩11短针，后用引拔针与起始的1锁针起立闭合。
第2圈：1锁针起立（当作1短针），*3锁针，1短针，从*重复10次后，3锁针，用引拔针与起始的1锁针起立针闭合。
第3圈：用引拔针将线移到上圈3锁针处，1锁针起立（当作1短针），3锁针处钩1短针，在剩余的11个3锁针上各钩2短针，用引拔针与起始的1锁针闭合。
第4圈：1锁针起立（当作1短针），*4锁针，接下来2短针处钩各1短针。钩8锁针，最后3针引拔成环，5锁针。**接下来2短针处钩各1短针。从*重复4次，再从*到**重复1次。短针上钩1短针。用引拔针与起始的1锁针闭合，断线，将线头藏好，编织完成。

12 冰片
作品展示见22页

浮冰在湍急的河水中飘动，被撞击成一片一片的，就像这个花样一样有尖锐的尖角。

作品直径：64mm
用线量：3.7m

基础环：钩6锁针，用引拔针引拔成环。
第1圈：1锁针起立（当作1短针），再钩11短针，后用引拔针与起始的1锁针起立针闭合。
第2圈：1锁针起立（当作1短针），上圈短针处钩1短针。*3锁针，1短针，从*重复4次后，3锁针，用引拔针与起始的1锁针起立闭合。
第3圈：*10锁针，最后3针引拔成环，7锁针，用引拔针将线移到下1短针处。在3锁针处钩2短针，2锁针，2短针。**引拔连接至下1针。从*重复4次，再从*到**重复1次。用引拔针连接，断线，将线头藏好，编织完成。

13 雪雾
作品展示见24页

一片白茫茫的雪地中，雪花闪着微光，就像坠落凡间的星星。

作品直径：60mm
用线量：5.5m

基础环： 钩6锁针，用引拔针引拔成环。
第1圈： 1锁针起立（当作1短针），再钩11短针，后用引拔针与起始的1锁针起立针闭合。
第2圈： 1锁针起立（当作1短针），1短针。*4锁针，2短针，从*重复4次后，4锁针，用引拔针与起始的1锁针起立针闭合。
第3圈： 用引拔针将线移到上圈4锁针处，1锁针起立（当作1短针）。4锁针处钩1短针，4锁针，2短针。*2锁针，4锁针处钩[2短针，4锁针，2短针]。从*重复4次后，2锁针，用引拔针与起始的1锁针闭合。
第4圈： 1锁针起立（当作1短针），1短针。*4锁针处钩[2短针，6锁针，2短针]，2短针，2锁针处钩1短针。**2短针。从*重复4次，再从*到**重复1次。用引拔针与起始的1短针闭合，断线，将线头藏好，编织完成。

14 斯格夏克
作品展示见24页

"斯格夏克"意为千年之冰，出自格陵兰岛上的古语，正如这片有着花心的雪花，将一切美好尘封在千年前的海水之中。

作品直径：57mm
用线量：5.5m

基础环： 钩4锁针，用引拔针引拔成环。
第1圈： 1锁针起立（当作1短针），*8锁针，基础环上1短针。从*重复4次后，8锁针，用引拔针与起始的1锁针起立针闭合。
第2圈： 用引拔针将线移到上圈8锁针处（共需3次引拔），1锁针起立（当作1短针）。继续在此线圈上钩3短针。*2锁针，下一线圈上钩4短针。从*重复4次后，2锁针，用引拔针与起始的1锁针闭合。
第3圈： 1锁针起立（当作1短针），短针处钩1短针，2锁针，接下来的2短针处各钩1短针。*2锁针处钩2短针，2短针处各钩1短针，2锁针，2短针处钩2短针。从*重复4次后，2锁针处钩2短针，引拔针与起始的1锁针闭合。
第4圈： 1锁针起立（当作1短针），1短针。*2锁针处钩[1短针，6锁针，1短针]，**6短针上各钩1短针。从*重复4次，再从*到**重复1次。钩4短针。用引拔针与起始的1锁针闭合，断线，将线头藏好，编织完成。

| 15 | **白色暴风雪**
作品展示见24页 |

冬季，中亚大地上吹来强烈的东北风，卷起漫天飞舞的雪花，就像一股白色的风。

作品直径：70mm
用线量：5.5m

基础环：钩6锁针，用引拔针引拔成环。
第1圈：1锁针起立（当作1短针），再钩11短针，后用引拔针与起始的1锁针起立针闭合。
第2圈：1锁针起立（当作1短针），1短针。*5锁针，1短针。从*重复4次后，5锁针，用引拔针与起始的1锁针起立针闭合。
第3圈：3锁针起立（当作1长针），上圈短针处钩1长针。*2锁针，5锁针处钩1长针，2短针。**2长针。从*重复4次后，2锁针，用引拔针与起始的3锁针闭合。
第4圈：1锁针起立（当作1短针），长针处钩1短针。*2锁针处钩2短针，短针处钩1短针，7锁针并将最后6针引拔成环，8锁针引拔成环，6锁针引拔成环，1引拔针与7锁针的第1针连接，上圈短针处钩1短针，2锁针处钩2短针。**长针处钩2长针。从*重复4次，再从*到**重复1次。用引拔针与起始的1锁针闭合，断线，将线头藏好，编织完成。

| 16 | **北极之雾**
作品展示见24页 |

在寒冷的北极，空气中的水分会瞬间凝结成小冰晶，就像白色的烟雾一般。

作品直径：60mm
用线量：5.5m

基础环：钩6锁针，用引拔针引拔成环。
第1圈：1锁针起立（当作1短针），再钩11短针，后用引拔针与起始的1锁针起立针闭合。
第2圈：3锁针起立（当作1长针），1长针。*3锁针，2针短针处各钩1长针。从*重复4次后，3锁针，用引拔针与起始的3锁针中的第3针闭合。
第3圈：3锁针起立（当作1长针），*2锁针，长针上钩1长针。3锁针处钩2长针，6锁针，2长针。**长针处钩1长针。从*重复4次，再从*到**重复1次。用引拔针与起始的3锁针中的第3针闭合。
第4圈：用引拔针将线移动到2锁针处，1锁针起立（当作1短针）。*3锁针，6锁针处钩[2短针，2锁针，2短针]，3锁针。**下一2锁针处钩1短针。从*重复4次，再从*到**重复1次。用引拔针与起始的1锁针闭合，断线，将线头藏好，编织完成。

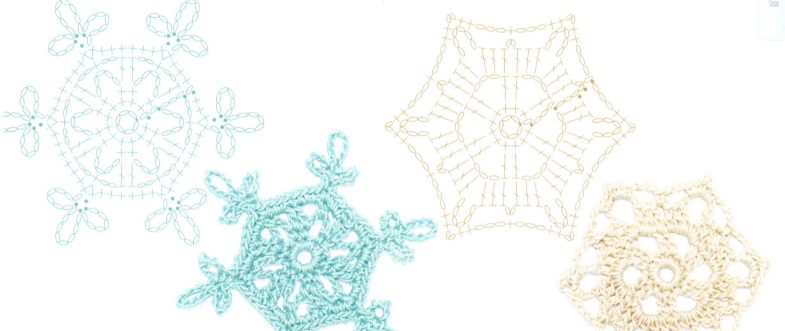

17 科萨瓦风
作品展示见25页

锁针和线环装饰的这款蕾丝雪花片，得名于冬季多瑙河上寒冷的狂风。

作品直径：67mm
用线量：4.6m

基础环： 钩6锁针，用引拔针引拔成环。
第1圈： 3锁针起立（当作1长针），1长针。*2锁针，2长针，从*重复4次后，2锁针，用引拔针与起始的3锁针中的第3针闭合。
第2圈： 1锁针起立（当作1短针），1短针。*2锁针处钩[1短针，4锁针，1短针]。**2针长针处各钩1长针。从*重复4次，再从**到*重复1次。用引拔针与起始的1锁针起立针闭合。
第3圈： 用引拔针将线移到上圈4锁针处（共需2次引拔），1锁针起立（当作1短针）。*6锁针引拔成环，8锁针引拔成环，6锁针引拔成环，仍在4锁针处2短针，4锁针。**下一4锁针处2短针。从*重复4次，再从*到**重复1次。用引拔针与起始的1锁针闭合，断线，将线头藏好，编织完成。

18 冰花
作品展示见25页

这个花样繁复而精致，让人想起凝结的冰花。

作品直径：60mm
用线量：5.5m

基础环： 钩6锁针，用引拔针引拔成环。
第1圈： 1锁针起立（当作1短针），再钩11短针，后用引拔针与起始的1锁针起立针闭合。
第2圈： 1锁针起立（当作1短针），1短针。*4锁针，2短针。从*重复4次后，4锁针。用引拔针与起始的1锁针起立针闭合。
第3圈： 1锁针起立（当作1短针），1短针。*4锁针处钩[2短针，4锁针，2短针]。**接下来的2短针上各钩1短针。从*重复4次，再从*到**重复1次。用引拔针与起始的1锁针闭合。
第4圈： 1锁针起立（当作1短针）。*3锁针，2短针处各钩1短针，1短针。4锁针处钩[1短针，6锁针，1短针，8锁针，1短针，6锁针，1短针]。1短针。**跳过1短针后在下2针短针上钩2短针。从*重复4次，再从*到**重复1次。跳过1短针后钩1短针，用引拔针与起始的1锁针闭合，断线，将线头藏好，编织完成。

技术难度：初级

19 东北暴风雪 I
作品展示见25页

"东北暴风雪"系列花样为你提供了一种设计雪花片的思路，即以同样的六角形基础线圈开始，通过边缘装饰的变化就会得到不同样式的花样。"东北暴风雪"系列花样通常以短针包边，以线环为角。

作品直径：60mm
用线量：5.5m

基础环：钩6锁针，用引拔针引拔成环。
第1圈：1锁针起立（当作1短针），再钩11短针后用引拔针与起始的1锁针闭合。
第2圈：3锁针起立（当作1长针）。*5锁针，跳过上圈1短针，在下一短针处钩1长针。从*重复4次后，钩5锁针。用引拔针与起始的3锁针中的第3针闭合。
第3圈：用引拔针将线移至上圈5锁针处，3锁针起立（当作1长针）。在上一行5锁针处再钩6长针。*钩1锁针，再在下一5锁针处钩7长针。从*重复4次，再钩1锁针。用引拔针与起始的3锁针中的第3针闭合。
第4圈：1锁针起立（当作1短针），在接下来的2长针处钩2短针。*下一长针上钩1短针，6锁针，1短针。**在接下来的3长针上各钩1短针，锁针处钩1短针。从*重复4次，再从*到**重复1次。用引拔针与起始的1锁针闭合，断线，将线头藏好，编织完成。

20 东北暴风雪 II
作品展示见25页

东北暴风雪II延续了上面的风格，边缘处锁针组成的蕾丝为这片雪花增加了些许柔美的气息。

作品直径：67mm
用线量：5.5m

基础环：钩6锁针，用引拔针引拔成环。
第1圈：1锁针起立（当作1短针），再钩11短针后用引拔针与起始的1锁针闭合。
第2圈：3锁针起立（当作1长针）。*5锁针，跳过1短针，在下一短针处钩1长针。从*重复4次后，钩5锁针。用引拔针与起始的3锁针中的第3针闭合。
第3圈：用引拔针将线移至上圈5锁针处，3锁针起立（当作1长针）。在上一行5锁针处再钩6长针。*钩1锁针，再在下一5锁针处钩7长针。从*重复4次，再钩1锁针。用引拔针与起始的3锁针中的第3针闭合。
第4圈：用引拔针将线移至上圈第3长针处。1锁针起立（当作1短针）。钩8锁针，第8针与第1针引拔成环。在刚才钩锁针的位置再钩1短针。*钩4锁针跨过3长针，**再在下一锁针处钩1短针，钩4锁针。**跨过3长针，在接下来的1锁针处钩1短针，钩8锁针引拔成环。在刚才钩锁针的位置再钩1短针。从*重复4次，再从*到**重复1次。用引拔针与起始的1锁针闭合，断线，将线头藏好，编织完成。

21 东北暴风雪Ⅲ
作品展示见24页

东北暴风雪Ⅲ通过长针和短针的变化组合,形成了羽毛状的边缘。

作品直径:64mm
用线量:7.3m

基础环:钩6锁针,用引拔针引拔成环。
第1圈:1锁针起立(当作1短针),再钩11短针后用引拔针与起始的1锁针闭合。
第2圈:3锁针起立(当作1长针)。*5锁针,跳过1短针,在下一短针处钩1长针。从*重复4次后,钩5锁针。用引拔针与起始的3锁针中的第3针闭合。
第3圈:用引拔针将线移至上圈5锁针处,3锁针起立(当作1长针)。在同一5锁针处再钩6长针。*钩1锁针,再在下一5锁针处钩7长针。从*重复4次,再钩1锁针。用引拔针与起始的3锁针中的第3针闭合。
第4圈:1锁针起立(当作1短针)。*钩4锁针,跳过2长针,在下一长针处钩1短针。钩4锁针,跳过2长针,再下一长针处钩1短针。钩2锁针。**在接下来的长针处钩1短针。从*重复4次,再从*到**重复1次。用引拔针与起始的1锁针闭合。
第5圈:用引拔针将线移至4锁针处,1锁针起立(当作1短针),在同一4锁针处钩4短针。*在接下来的4锁针处钩5短针,然后再在接下来的2锁针处钩2长针,2锁针,2长针。**在接下来的4锁针处钩5短针。从*重复4次,再从*到**重复1次。用引拔针与起始的1锁针闭合,断线,将线头藏好,编织完成。

22 东北暴风雪Ⅳ
作品展示见25页

作为东北暴风雪系列的最后一个花样,东北暴风雪Ⅳ增加了长针和锁针作为花样的边沿,形成了较大的雪花。

作品直径:79mm
用线量:10.1m

基础环:钩6锁针,用引拔针引拔成环。
第1圈:1锁针起立(当作1短针),再钩11短针后用引拔针与起始的1锁针闭合。
第2圈:3锁针起立(当作1长针)。*5锁针,跳过1短针,在下一短针处钩1长针。从*重复4次后,钩5锁针。用引拔针与起始的3锁针中的第3针闭合。
第3圈:用引拔针将线移至上圈5锁针处,3锁针起立(当作1长针)。在上一行5锁针处再钩6长针。*钩1锁针,再在下一5锁针处钩7长针。从*重复4次,再钩1锁针。用引拔针与起始的3锁针中的第3针闭合。
第4圈:用引拔针将线移至上圈第3长针处,3锁针起立(当作1长针)。*5锁针,跳过3长针,在下一锁针处钩1长针,钩5锁针。**跳过3长针,在第4个长针处钩1长针。从*重复4次,再从*到**重复1次。用引拔针与起始的3锁针中的第3针闭合。
第5圈:用引拔针将线移至上圈5锁针处,3锁针起立(当作1长针),在同一5锁针处钩5长针。*在接下来的长针处钩1长针,再在接下来的5锁针处钩6长针。**在接下来的长针处钩1长针,2锁针,1长针。在接下来的5锁针处钩6长针。从*重复4次,再从*到**重复1次。在第4圈结束的引拔针位置钩1长针,2锁针,1长针。用引拔针与起始的3锁针中的第3针闭合,断线,将线头藏好,编织完成。

技术难度:初级

23 积雪
作品展示见24页

这片小雪花片致密而紧凑，不正像陈年的积雪被挤压后的样子吗？

作品直径：67mm
用线量：7.3m

基础环：钩6锁针，用引拔针引拔成环。
第1圈：1锁针起立（当作1短针），再钩11短针后用引拔针与起始的1锁针闭合。
第2圈：3锁针起立（当作1长针）。在接下来的短针处钩1长针。*钩3锁针，在接下来的2短针处钩2长针。从*重复4次后，钩3锁针。用引拔针与起始的3锁针中的第3针闭合。
第3圈：3锁针起立（当作1长针），在长针处再钩1长针。*在接下来的3锁针处各钩2长针，2锁针，2长针。**2长针上各钩1长针。从*处开始重复上述过程4次后，再从*到**重复1次。用引拔针与起始的3锁针中的第3针闭合。
第4圈：用引拔针将线移至上圈第2长针处，钩1锁针起立（当作1短针），长针上钩1短针。*在接下来的2锁针处钩1短针，3锁针，1短针。再在接下来的2长针处钩2短针，2锁针。**跳过2长针，在接下来的2长针处钩2短针。从*重复4次，再从*到**重复1次。用引拔针与起始的1锁针闭合。
第5圈：1锁针起立（当作1短针），在2短针处各钩1短针。*在接下来的3锁针处钩2短针，4锁针，2短针。然后再在接下来的3短针处钩3短针，在2锁针处钩2短针。**在接下来的3短针处钩3短针。从*重复4次，再从*到**重复1次。用引拔针与起始的1短针闭合，断线，将线头藏好，编织完成。

24 卡维雪
作品展示见25页

苏格兰人常把大暴雪称为卡维雪，这片装饰复杂的雪花正像那天空中不断飘落的卡维雪一样。

作品直径：76mm
用线量：7.3m

基础环：钩6锁针，用引拔针引拔成环。
第1圈：1锁针起立（当作1短针），再钩11短针后用引拔针与起始的1锁针闭合。
第2圈：3锁针起立（当作1长针）在接下来的短针处钩1长针。*钩3锁针，在接下来的2短针处各钩1长针。从*重复4次后，钩3锁针。用引拔针与起始的3锁针中的第3针闭合。
第3圈：3锁针起立（当作1长针），在接下来的长针处钩1长针。*钩5锁针，在接下来的2短针处钩2长针。从*重复4次后，钩5锁针。用引拔针与起始的3锁针中的第3针闭合。
第4圈：3锁针起立（当作1长针），在长针处钩1长针。*在上圈5锁针处钩3长针，2锁针，3长针。**再在接下来的2长针处各钩1长针。从*重复4次，再从*到**重复1次。用引拔针与起始的3锁针中的第3针闭合。
第5圈：1锁针起立（当作1短针）。*钩4锁针，在第2个长针处钩1短针，4锁针。在2锁针处钩1短针，8锁针，1短针。钩4锁针。**跳过3长针后，在第4个长针处钩1短针。从*重复4次，再从*到**重复1次。用引拔针与起始的1锁针闭合，断线，将线头藏好，编织完成。

25 冰凌
作品展示见27页

这个设计的特点是形状简单清晰，正如冬季的冰凌一般。

作品直径：67mm
用线量：7.3m

基础环：钩6锁针，用引拔针引拔成环。
第1圈：1锁针起立（当作1短针），再钩11短针后用引拔针与起始的1锁针闭合。
第2圈：3锁针起立（当作1长针）在接下来的短针处钩1长针。*钩3锁针，在接下来的2短针处钩2长针。从*重复4次后，钩3锁针。用引拔针与起始的3锁针中的第3针闭合。
第3圈：1锁针起立（当作1短针），在接下来的长针处钩1短针。*在接下来的3锁针处钩2短针，2锁针，2短针。**2长针上钩2短针。从*重复4次，再从*到**重复1次。用引拔针与起始的1锁针闭合。
第4圈：钩3锁针起立（当作1长针），在接下来的短针处钩1长针。*钩2锁针，在接下来的2锁针处钩2长针，2锁针，2长针，2锁针。**跳过2短针，在接下来的2短针处各钩1长针。从*重复4次，再从*到**重复1次。用引拔针与起始的3锁针中的第3针闭合。
第5圈：1锁针起立（当作1短针），在接下来的长针处钩1短针。*在接下来的2锁针处钩2短针，2长针处各钩1短针。在接下来的2锁针处2短针，4锁针，2短针。在接下来的2长针处各钩1短针，2锁针处各钩1短针。**在2长针处各钩1短针。从*重复4次，再从*到**重复1次。用引拔针与起始的1锁针闭合，断线，将线头藏好，编织完成。

技术难度：初级

26 奥文尼风
作品展示见26页

这款纤细、优雅的冰晶得名于法国中部寒冷的西北风。

作品直径：83mm
用线量：6.4m

基础环：钩6锁针，用引拔针引拔成环。
第1圈：1锁针起立（当作1短针），再钩11短针后用引拔针与起始的1锁针闭合。
第2圈：3锁针起立（当作1长针）在接下来的短针处钩1长针。*钩5锁针，在接下来的2短针处各钩1长针。从*重复4次后，钩5锁针。用引拔针与起始的3锁针中的第3针闭合。
第3圈：1锁针起立（当作1短针），*钩2锁针，在接下来的长针处钩1短针。在接下来的5锁针处钩3短针，2锁针，3短针。**长针处钩1短针。从*重复4次，再从*到**重复1次。用引拔针与起始的1锁针闭合。
第4圈：用引拔针将线移至上圈2锁针处，1锁针起立（当作1短针）。*4锁针，跳过4锁针，在下一2锁针处钩1长针。钩7锁针，将后面6针引拔成环，钩8锁针引拔成环，钩6锁针引拔成环，再用引拔针将线移至最初7锁针的第1针上。在上一个长针同样的位置再钩1长针，4锁针。**跳过4短针，在下一2锁针处钩1短针。从*重复4次，再从*到**重复1次。用引拔针与起始的1锁针闭合，断线，将线头藏好，编织完成。

27 雪镜
作品展示见26页

雪镜通常用来形容积雪融化后又再度凝结的样子，雪花变得像镜子一般反射着太阳光。

作品直径：67mm
用线量：6.4m

基础环：钩6锁针，用引拔针引拔成环。
第1圈：1锁针起立（当作1短针），再钩11短针后用引拔针与起始的1锁针闭合。
第2圈：1锁针起立（当作1短针）在接下来的短针处钩1短针。*钩3锁针，在下一短针处钩1短针。从*重复4次后，钩3锁针。用引拔针与起始的1锁针闭合。
第3圈：用引拔针将线移至上圈第2锁针处，钩3锁针起立（当作1长针），钩2锁针，在起立针的位置再钩1长针。*钩4锁针，在接下来的3锁针的第2锁针处钩1长针，2锁针，1长针。从*重复4次，钩4锁针，用引拔针与起始的3锁针中的第3针闭合。
第4圈：用引拔针将线移至上圈2锁针处，钩1锁针起立（当作1短针），3锁针，在同一2锁针的位置再钩1短针。*在4锁针处钩5短针。**在接下来的2锁针处钩1短针，3锁针，1短针。从*重复4次，再从*到**重复1次。用引拔针与起始的1锁针闭合。
第5圈：用引拔针将线移至上圈3锁针处，3锁针起立（当作1长针），同样的位置再钩1长针，4锁针，2长针。*跳过1短针，在下两个短针处钩2长针，1锁针，跳过1短针，在下两个短针处各钩1长针。**跳过1短针，在下一3锁针处钩2长针，4锁针，2长针。从*重复4次，再从*到**重复1次。用引拔针与起始的3锁针中的第3针闭合，断线，将线头藏好，编织完成。

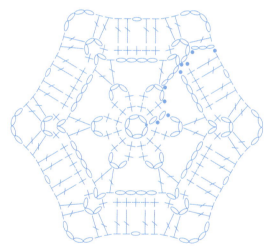

28 诺尔特
作品展示见26页

这款雅致的雪花得名于西班牙的冬天。

作品直径：70mm
用线量：5.5m

基础环：钩6锁针，用引拔针引拔成环。
第1圈：3锁针起立（当作1长针）。*钩2锁针，1长针。从*重复10次后，钩2锁针。用引拔针与起始的3锁针中的第3针闭合。
第2圈：用引拔针将线移至上圈2锁针处，1锁针起立（当作1短针）。*钩3锁针，在下一2锁针处钩1短针。从*重复10次后，钩3锁针。用引拔针与起始的1锁针闭合。
第3圈：用引拔针将线移至上圈3锁针处，钩1锁针起立（当作1短针）。在同一3锁针处钩1短针。*9针锁针，将后4针引拔成环，钩4锁针，用引拔针与前面9针锁针的第1针引拔成环。仍在同一3锁针处再钩2短针。在下一3锁针处钩1短针，1长针。钩4锁针，用引拔针将这4针引拔成环。仍在这个3锁针处再钩1长针，1短针。**在下一3锁针处钩2短针。从*重复4次，再从*到**重复1次。用引拔针与起始的1锁针闭合，断线，将线头藏好，编织完成。

29 冰晶I
作品展示见26页

"冰晶"系列雪花片有着轻盈的花边，这是此系列的第I款，整体造型由简单的锁针、短针及引拔针组合而成。

作品直径：57mm
用线量：5.5m

基础环：钩6锁针，用引拔针引拔成环。
第1圈：1锁针起立（当作1短针），再钩11短针后用引拔针与起始的1锁针闭合。
第2圈：1锁针起立（当作1短针）在接下来的短针处钩1短针。*钩3锁针，在下一短针处钩1短针。从*重复4次后，钩3锁针。用引拔针与起始的1锁针闭合。
第3圈：用引拔针将线移至上圈3锁针处，钩1锁针起立（当作1短针）。在同一3锁针再处钩2短针。*钩4锁针，在下一3锁针处钩3短针。从*重复4次，钩4锁针。用引拔针与起始的1锁针闭合。
第4圈：钩1锁针起立（当作1短针），在上圈2短针处2短针。*在4针处钩2短针，4锁针，2短针。**在3锁针处钩3短针。从*重复4次，再从*到**重复1次。用引拔针与起始的1锁针闭合。
第5圈：用引拔针将线移至上圈第1短针处，钩1锁针起立（当作1短针）。*钩3锁针，在4锁针处钩3短针，3锁针，3短针。钩3锁针。**跳过3短针，在第4短针处钩1短针（即在上圈这排短针的中间位置）。从*重复4次，再从*到**重复1次。用引拔针与起始的1锁针闭合，断线，将线头藏好，编织完成。

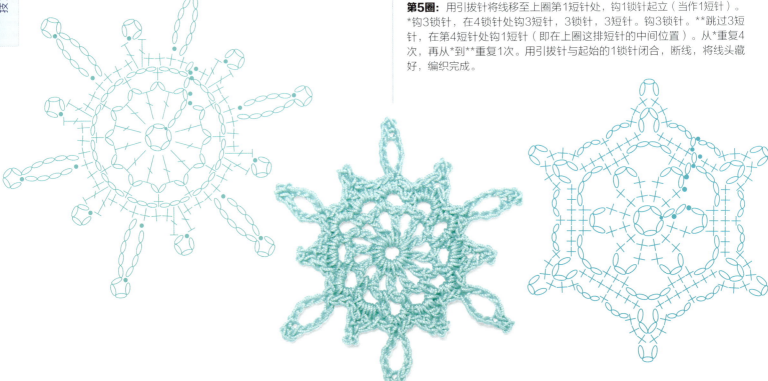

30 冰晶 II
作品展示见26页

第2款"冰晶"花样与第1款的结构非常相似，但正如在自然界的雪花一样，一点点小小的改变就会使这个造型给人完全不同的感觉。

作品直径：70mm
用线量：6.4m

基础环：钩6锁针，用引拔针引拔成环。
第1圈：1锁针起立（当作1短针），再钩11短针后用引拔针与起始的1锁针闭合。
第2圈：1锁针起立（当作1短针）在接下来的短针处钩1短针。*钩3锁针，在下2个短针处钩2短针。从*重复4次后，钩3锁针。用引拔针与起始的1锁针闭合。
第3圈：用引拔针将线移至上圈3锁针处，钩1锁针起立（当作1短针）。在同一3锁针再处钩2短针。*钩4锁针，在下一3锁针处钩3短针。从*重复4次，钩4锁针。用引拔针与起始的1锁针闭合。
第4圈：钩1锁针起立（当作1短针），在上圈2短针处钩2短针。*在4锁针处钩2短针，4锁针，2短针。**在3锁针处钩3锁针。从*重复4次，再从*到**重复1次。用引拔针与起始的1锁针闭合。
第5圈：钩1锁针起立（当作1短针）。*钩3锁针，跳过1短针，在下一短针处钩1短针，钩2锁针。跳过2短针，在4锁针处钩1短针，4锁针，1短针。钩8锁针，用引拔针将这8针引拔成环。仍在4锁针处再钩1短针，4锁针，1短针。钩2锁针。**跳过2短针，在下一短针处钩1短针。从*重复4次，再从*到**重复1次。用引拔针与起始的1锁针闭合，断线，将线头藏好，编织完成。

| 31 | 风暴
作品展示见26页

这片雪花简洁的线条和曲线像书法作品，为风雪天带来一抹温情。

作品直径：73mm
用线量：7.3m

基础环： 钩6锁针，用引拔针引拔成环。
第1圈： 1锁针起立（当作1短针），再钩11短针后用引拔针与起始的1锁针闭合。
第2圈： 1锁针起立（当作1短针）。*钩7锁针，跳过1短针，在下一短针处钩1短针。从*重复4次后，钩7锁针。用引拔针与起始的1锁针闭合。
第3圈： *在上圈7锁针处钩5短针，2锁针，5短针。**用引拔针将线移至上圈短针处。从*重复4次，再从*到**重复1次。用引拔针与上圈的引拔针闭合。
第4圈： 用引拔针将线移至上圈2锁针处（需5针引拔），钩1锁针起立（当作1短针）。钩8锁针，在同一个2锁针处钩1短针，使这8锁针成一个环。*7锁针，下一2锁针处钩1短针，8锁针，1短针。从*重复4次，再从*到**重复1次。用引拔针与起始的1锁针闭合。
第5圈： 用引拔针将线移至上圈8锁针处钩，1锁针起立（当作1短针），在这个线圈上钩4短针，2锁针，5短针。*在7锁针处钩8短针。**在下一8锁针处钩5短针，2锁针，5短针。从*重复4次，再从*到**重复1次。用引拔针与起始的1锁针闭合，断线，将线头藏好，编织完成。

| 32 | 迷雾森林
作品展示见27页

这片雪花娇小而可爱，是本书中第1个开始使用中长针钩织的雪花片。

作品直径：51mm
用线量：4.6m

基础环： 钩6锁针，用引拔针引拔成环。
第1圈： 1锁针起立（当作1短针），再钩11短针后用引拔针与起始的1锁针闭合。
第2圈： 3锁针起立（当作1长针）在接下来的短针处钩1长针。*钩5锁针，在接下来的2短针处钩2长针。从*重复4次后，钩5锁针。用引拔针与起始的3锁针中的第3针闭合。
第3圈： 1锁针起立（当作1短针）。*4锁针，用引拔针引拔成环。在长针处钩1短针。在接下来的5锁针处钩1短针，1中长针，1长针，4锁针，1长针，1中长针，1短针。**下一长针处钩1短针。从*重复4次，再从*到**重复1次。用引拔针与起始的1锁针闭合，断线，将线头藏好，编织完成。

技术难度：中级

33 卡伐勃雪
作品展示见27页

"卡伐勃雪"特指苏格兰东北部的设得兰群岛下的大雪，正如这个造型一般，雪花温柔而圆润。

作品直径：60mm
用线量：6.4m

基础环：钩6锁针，用引拔针引拔成环。
第1圈：3锁针起立（当作1长针）在基础环上钩1长针。*钩2锁针，在基础环上钩2长针。从*重复4次后，钩2锁针。用引拔针与起始的3锁针中的第3针闭合。
第2圈：3锁针起立（当作1长针），长针处钩1长针。*在2锁针处钩1长针，2锁针，1长针。**2长针处钩2长针。从*重复4次，再从*到**重复1次。用引拔针与起始的3锁针中的第3针闭合。
第3圈：1锁针起立（当作1短针），长针处钩1短针。*3锁针，在2锁针处钩1短针，8锁针，1短针，3锁针。**跳过1长针，在后面2长针处钩2短针。从*重复4次，再从*到**重复1次。用引拔针与起始的1锁针闭合。
第4圈：用引拔针将线移至上圈3锁针处，1锁针起立（当作1短针）。在同一3锁针处钩2短针。*在8锁针处钩6短针。**在接下来的两个3锁针处各钩3短针（共6短针），从*重复4次，再从*到**重复1次。在下一3锁针上钩3短针，用引拔针与起始的1锁针闭合，断线，将线头藏好，编织完成。

34 酷寒北风
作品展示见27页

这种花朵般造型的雪片，也许会在寒冷的北风中飞舞。

作品直径：54mm
用线量：6.4m

基础环：钩6锁针，用引拔针引拔成环。
第1圈：3锁针起立（当作1长针）再钩11长针后用引拔针与起始的3锁针中的第3针闭合。
第2圈：1锁针起立（当作1短针），*在下1长针处钩1短针，8锁针，1短针，从而形成一个环。**下1长针上钩1短针。从*重复4次，再从*到**重复1次。用引拔针与起始的1锁针闭合。
第3圈：用引拔针将线移至上圈短针处，然后在接下来的8锁针上钩3短针，1中长针，1长针，1中长针，1长针，1中长针，3短针。用引拔针将线移到下一短针处，钩2锁针，跳过上圈短针。从*重复上述过程5次后，用引拔针与起始的引拔针闭合。
第4圈：用引拔针将线移至上圈第2个短针处，1锁针起立（当作1短针）。在短针处钩1短针。*在中长针、长针处各钩1短针。在1锁针上钩1短针，2锁针，1短针。在接下来的长针、中长针、2短针上各钩1短针。**跳过1短针、2锁针、1短针，在下一花瓣的第2、第3个短针上钩2短针。从*重复4次，再从*到**重复1次。在下一3锁针上钩3短针，用引拔针与起始的1锁针闭合，断线，将线头藏好，编织完成。

35 光晕
作品展示见27页

冰晶在光线的照射下发生了散射，形成了一个个美丽的圆形光晕，正如这片圆圆的雪花。

作品直径：57mm
用线量：7.3m

基础环：钩6锁针，用引拔针引拔成环。
第1圈：1锁针起立（当作1短针），再钩11短针后用引拔针与起始的1锁针闭合。
第2圈：1锁针起立（当作1短针）。*在下1短针上钩1短针，6锁针，1短针。**下1短针上钩1短针。从*重复4次，再从*到**重复1次。用引拔针与起始的1锁针闭合。
第3圈：1锁针起立（当作1短针），6锁针回处钩4短针，2锁针，4短针。**在下1短针处钩1短针。从*重复4次，再从*到**重复1次。用引拔针与起始的1锁针闭合。
第4圈：用引拔针将线移至上圈2锁针处（共需4次引拔），1锁针起立（当作1短针）。*4锁针，跳过4短针，在下1短针（两个花瓣之间的短针）上钩1长针，4锁针。**在下一2锁针处钩1短针。从*重复4次，再从*到**重复1次。用引拔针与起始的1锁针闭合。
第5圈：用引拔针将线移至上圈4锁针处，3锁针起立（当作1长针）。在同一4锁针处钩3长针。**下一4锁针处钩4长针。*在下1短针处钩1长针，2锁针，1长针。从*重复4次，再从*到**重复1次。在引拔针上钩1长针，2锁针，1长针。用引拔针与起始的3锁针中的第3针闭合，断线，将线头藏好，编织完成。

36 宝来风
作品展示见27页

"宝来风"是吹袭亚德里亚海沿岸的季节性东北冷风，它带来了飞舞的雪花。这个雪花片初次使用长长针来表现这种伴风而来的雪花。

作品直径：67mm
用线量：5.5m

基础环：钩6锁针，用引拔针引拔成环。
第1圈：5锁针起立（当作1长长针）。*在基础环上钩1锁针，1长长针。从*重复上述过程10次后，再钩1锁针，后用引拔针与起始的5锁针中的第5针闭合。
第2圈：3锁针起立（当作1长针）。*下1短针上钩2长针，长长针上钩1长针，再在后面的锁针上钩1长针，2锁针，1长针。**长长针上钩1长针。从*重复4次，再从*到**重复1次。用引拔针与起始的3锁针中的第3针闭合。
第3圈：用引拔针将线移到上圈长针处，1锁针起立（当作1短针），*4锁针，下1长针上钩1短针。2锁针，在上圈2锁针处钩1长针，6锁针引拔成环，1长针。2锁针。**跳过2长针，在第3个长针处钩1短针。从*重复4次，再从*到**重复1次。用引拔针与起始的1锁针闭合，断线，将线头藏好，编织完成。

技术难度：中级

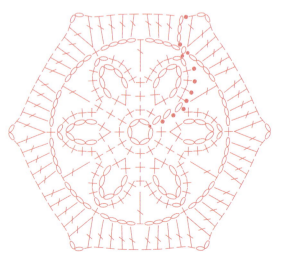

37 雪哀人
作品展示见28页

雪哀人也称"悔过之冰",是由压实的雪或冰形成的柱子,在智利的安第斯山脉较为常见。

作品直径:67mm
用线量:4.6m

基础环: 钩4锁针,用引拔针引拔成环。
第1圈: 5锁针起立(当作1长长针)。*在基础环上钩4锁针,1长长针。从*重复4次,再钩4锁针,后用引拔针与起始的5锁针中的第5针闭合。
第2圈: 1锁针起立(当作1短针)。在4锁针处钩3短针,2锁针,3短针。**长长针上钩1短针。从*重复4次,再从*到**重复1次。用引拔针与起始的1锁针闭合。
第3圈: 1锁针起立(当作1短针),8锁针,将最后4锁针引拔成环,4锁针,在引拔针上钩1短针。*2锁针,在2锁针处钩1短针,4锁针,1短针。2锁针。**跳过3短针,在第4个短针上钩1短针,8锁针,将最后4锁针引拔成环,4锁针,仍在刚才钩短针的地方钩1短针。从*重复4次,再从*到**重复1次。用引拔针与起始的1锁针闭合,断线,将线头藏好,编织完成。

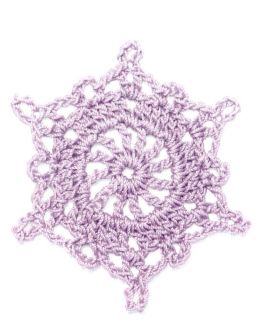

38 雷暴雪
作品展示见28页

在罕见的冬季雷暴天里，也许会飘落这种漂亮、紧凑的雪花。

作品直径：70mm
用线量：7.3m

基础环：钩6锁针，用引拔针引拔成环。
第1圈：1锁针起立（当作1短针），再钩11短针后用引拔针与起始的1锁针闭合。
第2圈：5锁针起立（当作1长长针）。*2锁针，在下一短针上钩1长长针。从*重复上述过程10次后，再钩2锁针，后用引拔针与起始的5锁针中的第5针闭合。
第3圈：用引拔针将线移到2锁针处，1锁针起立（当作1短针），在这个2锁针处钩2短针，*在下一2锁针处钩2短针，2锁针，2短针。**下一2锁针处钩3短针。从*重复4次，再从*到**重复1次。用引拔针与起始的1锁针闭合。
第4圈：1锁针起立（当作1短针）。*2锁针，跳过1短针后再后面的3短针上钩3短针。在上圈2锁针处钩1短针，4锁针，1短针。**后面3短针上各钩1短针。从*重复4次，再从*到**重复1次。用引拔针与起始的1锁针闭合。
第5圈：用引拔针将线移到上圈2锁针处，1锁针起立（当作1短针），在这个2锁针处再钩1短针。*跳过1短针，在后面的2短针上钩2短针，在上圈4锁针上钩2短针，4锁针，2短针。跳过1短针，在后面的2短针上钩2短针，接下来2锁针上钩2短针。从*重复4次，再从*到**重复1次。用引拔针与起始的1锁针闭合，断线，将线头藏好，编织完成。

39 凯基亚斯
作品展示见28页

这款边缘柔和的设计取名于希腊语中寒冷的东北风。

作品直径：60mm
用线量：6.4m

基础环：钩6锁针，用引拔针引拔成环。
第1圈：1锁针起立（当作1短针），再钩11短针后用引拔针与起始的1锁针闭合。
第2圈：3锁针起立（当作1长针）。*2锁针，在下1短针上钩1长长针。2锁针。**下1短针上钩1长针。从*重复4次，再从*到**重复1次。用引拔针与起始的3锁针中的第3针闭合。
第3圈：用引拔针将线移到2锁针处，1锁针起立（当作1短针）。在这个2锁针处钩1中长针，1长针。*在下1长长针上钩1长针，2锁针，1长针。在接下来的2锁针处钩1长针，1中长针，1短针。**下一2锁针处钩1长针，1中长针，1长针。从*重复4次，再从*到**重复1次。用引拔针与起始的1锁针闭合。
第4圈：*3锁针，跳过中长针，在2个长针上各钩1中长针，在2锁针处钩1中长针，3锁针，1中长针。在2个长针上各钩1中长针，3锁针。**跳过中长针，在两个短针上钩2引拔针。从*重复4次，再从*到**重复1次。跳过中长针，用引拔针与起始的3锁针中的第1针闭合，断线，将线头藏好，编织完成。

40 银装素裹

作品展示见29页

这片雪花由大大小小的环组成，灵感来自于冬季最常见的层层叠叠的冰雪世界。

作品直径：70mm
用线量：8.2m

基础环：钩6锁针，用引拔针引拔成环。
第1圈：1锁针起立（当作1短针），再钩11短针后用引拔针与起始的1锁针闭合。
第2圈：1锁针起立（当作1短针）。*在下1短针上钩1短针，8锁针，1短针。**短针上钩1短针。从*重复4次，再从*到**重复1次。用引拔针与起始的1锁针闭合。
第3圈：*用引拔针将线移到1短针处（即8锁针线圈开始的位置），在这个线圈上钩3短针，1中长针，1长针，1锁针，1长针，1中长针，3短针。在短针上钩引拔针（即线圈结束的位置）。1锁针，跳过1短针。从*重复上述过程5次后，用引拔针与起始的引拔针闭合。
第4圈：用引拔针将线移到上圈1锁针处（共需5针引拔针），1锁针起立（当作1短针），6锁针，仍在起始的上圈1锁针处钩1短针。*8锁针，在下一1锁针处钩1短针，6锁针，1短针。从*重复4次，钩8锁针。用引拔针与起始的1锁针闭合。
第5圈：*在上圈6锁针线圈上钩3短针，1中长针，3短针。在短针上钩引拔针（即线圈结束的位置）。在8锁针上钩9短针。**用引拔针将线移到1短针处（即6针线圈开始的位置）。从*重复4次，再从*到**重复1次。用引拔针与起始的引拔针闭合，断线，将线头藏好，编织完成。

41 阿尔伯塔快船
作品展示见29页

在加拿大的阿尔伯塔地区，低气压形成了"阿尔伯塔快船"（一种快速移动的低压云团），所落雪花多呈星形，正如这片雪花给人的感觉。

作品直径：79mm
用线量：5.5m

基础环：钩6锁针，用引拔针引拔成环。
第1圈：3锁针起立（当作1长针）在基础环上钩1长针。*钩2锁针，在基础环上钩2长针。从*重复4次后，钩2锁针。用引拔针与起始的3锁针中的第3针闭合。
第2圈：1锁针起立（当作1短针）。*2锁针，长针上钩1短针，在下一2锁针处钩1短针，3锁针，1短针。**长针上钩1短针。从*重复4次，再从*到**重复1次。用引拔针与起始的1锁针闭合。
第3圈：用引拔针将线移到上圈2锁针处，1锁针起立（当作1短针）。钩4锁针，仍在在这个线圈上钩1短针。*1锁针，下一3锁针处钩1短针，7锁针，将最后4针引拔成环，再钩8锁针，8针引拔成环，钩4锁针，4针引拔成环。在刚才7锁针的第3和第2针上各钩1短针，1锁针。在同一3锁针上再钩1短针，1锁针。**在接下来的2锁针上钩1短针，4锁针，1短针。从*重复4次，再从*到**重复1次。用引拔针与起始的1锁针闭合，断线，将线头藏好，编织完成。

42 塔库风
作品展示见28页

塔库风是从冬季的阿拉斯加吹来的东北偏东的阵风，有时会达到飓风的级别。

作品直径：95mm
用线量：6.4m

基础环：钩6锁针，用引拔针引拔成环。
第1圈：1锁针起立（当作1短针），再钩11短针后用引拔针与起始的1锁针闭合。
第2圈：5锁针起立（当作1长长针）。*2锁针，在下一短针上钩1长针。从*重复上述过程10次后，再钩2锁针，后用引拔针与起始的5锁针中的第5针闭合。
第3圈：用引拔针将线移到上圈2锁针处，1锁针起立（当作1短针），仍在这个2锁针处钩2短针。*在下一2锁针上钩2短针，2锁针，2短针。**下一2锁针上钩3短针。从*重复4次，再从*到**重复1次。用引拔针与起始的1锁针闭合。
第4圈：用引拔针将线移到上圈1短针处，1锁针起立（当作1短针）。*4锁针，下一2锁针处钩1长针，7锁针，并将最后6针引拔成环。8锁针，并将最后4针引拔成环，3锁针，并将其于8锁针的第1针引拔成环。6锁针并引拔成环，用引拔针将线移到最初7锁针的第1针上，仍在这个2锁针的位置再钩1长针。4锁针。**跳过3短针，在第4针短针上（即中间的位置）钩1短针。从*重复4次，再从*到**重复1次。用引拔针与起始的1锁针闭合，断线，将线头藏好，编织完成。

技术难度：中级

43 高山冰川
作品展示见29页

这片美丽的雪花也许正在高山冰川上自在地飞舞。

作品直径：73mm
用线量：5.5m

基础环：钩6锁针，用引拔针引拔成环。
第1圈：1锁针起立（当作1短针），再钩11短针后用引拔针与起始的1锁针闭合。
第2圈：1锁针起立（当作1短针）。*在1短针上钩1短针，6锁针，1短针。**下一1短针上钩1短针。从*重复4次，再从*到**重复1次。用引拔针与起始的1锁针闭合。
第3圈：用引拔针将线移到上圈6锁针的第3针处（3个引拔针），1锁针起立（当作1短针）。在6锁针环上钩1短针，2锁针，2短针。*3锁针，下一6锁针环上钩2短针，2锁针，2短针。从*重复4次，3锁针，用引拔针与起始的1锁针闭合。
第4圈：用引拔针将线移到上圈2锁针处，1锁针起立（当作1短针）。*5锁针，将最后4针引拔成环，8锁针，将这8针引拔成环，4锁针，将这4针引拔成环，用引拔针将线移倒最初5锁针的第1针处，仍在这2锁针处再钩1短针，2锁针，接下来的3锁针处钩1短针，4锁针引拔成环，1短针。2锁针。**下一2锁针处钩1短针。从*重复4次，再从*到**重复1次。用引拔针与起始的1锁针闭合，断线，将线头藏好，编织完成。

44 寒风努瓦尔
作品展示见28页

通常在法国和瑞士的部分地区，出现寒风努瓦尔就预示着春天即将来临或者天气转好，当然，寒风努瓦尔也会带来雨雪冰雹。

作品直径：67mm
用线量：6.4m

基础环： 钩6锁针，用引拔针引拔成环。
第1圈： 1锁针起立（当作1短针），再钩11短针后用引拔针与起始的1锁针闭合。
第2圈： 5锁针起立（当作1长长针）在接下来的短针处钩1长长针。*钩4锁针，在接下来的2短针处钩2长长针。从*重复4次后，钩4锁针。用引拔针与起始的5锁针中的第5针闭合。
第3圈： 1锁针起立（当作1短针），长长针上钩1短针。*在6锁针上钩1短针，1中长针，1长针，5锁针引拔成环，1长针，1中长针，1短针。**在接下来的2长长针上各钩1针。从*重复4次，再从*到**重复1次。用引拔针与起始的1锁针闭合。
第4圈： 1锁针起立（当作1短针）。*4锁针，短针上钩1短针，3锁针。在接下来的5锁针线圈上2短针，3锁针，2短针。3锁针。**跳过3针，在第4针（短针）上钩1短针。从*重复4次，再从*到**重复1次。用引拔针与起始的1锁针闭合，断线，将线头藏好，编织完成。

45 积冰I
作品展示见28页

积冰是在南极洲河床里沉积的冰雪堆积而成的——水流过冰面，就又凝结在那里，越积越高。

作品直径：64mm
用线量：6.4m

基础环： 钩6锁针，用引拔针引拔成环。
第1圈： 1锁针起立（当作1短针），再钩11短针后用引拔针与起始的1锁针闭合。
第2圈： 1锁针起立（当作1短针）在接下来的短针处钩1短针。*钩5锁针，在下一短针处钩1短针。从*重复4次后，钩5锁针。用引拔针与起始的1锁针闭合。
第3圈： 3锁针起立（当作1长针），下一短针上钩1长针。*5锁针上钩3短针。**接下来的2长针上2长针。从*重复4次，再从*到**重复1次。用引拔针与起始的3锁针中的第3针闭合。
第4圈： 3锁针起立（当作1长针），上圈长针上钩1长针。*第1个短针上钩1长针，下一短针上钩1长针，2锁针，1长针。**接下来的短针和长针上各钩1长针。从*重复4次，再从*到**重复1次。用引拔针与起始的3锁针中的第3针闭合。
第5圈： 1锁针起立（当作1短针）。3个长针上钩3短针。在2锁针上1短针，6锁针，1短针。**6个长针上钩6短针。从*重复4次，再从*到**重复1次。用引拔针与起始的1锁针闭合，断线，将线头藏好，编织完成。

46 积冰Ⅱ
作品展示见29页

积冰Ⅱ前4圈与积冰Ⅰ相同，然后加了2圈更密的圆，形成了更大的、密实的雪花。

作品直径：73mm
用线量：9.1m

基础环：钩6锁针，用引拔针引拔成环。
第1圈：1锁针起立（当作1短针），再钩11短针后用引拔针与起始的1锁针闭合。
第2圈：1锁针起立（当作1短针）在接下来的短针处钩1短针。*钩5锁针，在下一短针处钩1短针。从*重复4次后，钩5锁针。用引拔针与起始的1锁针闭合。
第3圈：3锁针起立（当作1长针），下一短针上钩1长针。*5锁针上钩3短针。**接下来的2短针上钩2长针。从*重复4次，再从*到**重复1次。用引拔针与起始的3锁针中的第3针闭合。
第4圈：3锁针起立（当作1长针），上圈长针上钩1长针。*第1个短针上钩1长针，下一短针上钩1长针，2锁针，1长针。**接下来的短针和长针上各钩1长针。从*重复4次，再从*到**重复1次。用引拔针与起始的3锁针中的第3针闭合。
第5圈：1锁针起立（当作1短针）。*钩3锁针，下一长针上钩1短针，3锁针。上圈2锁针处钩1短针，7锁针，1锁针。3锁针。**跳过2长针，在第3个长针上钩1短针。从*重复4次，再从*到**重复1次。用引拔针与起始的1锁针闭合。
第6圈：用引拔针将线移到上圈3锁针处，1锁针起立（当作1短针），仍在这个3锁针上钩2短针。*下一3锁针上钩2长针，上圈7锁针线圈上钩3短针，3锁针，3短针。接下来的3锁针上钩2长针。**3锁针上钩3短针。从*重复4次，再从*到**重复1次。用引拔针与起始的1锁针闭合，断线，将线头藏好，编织完成。

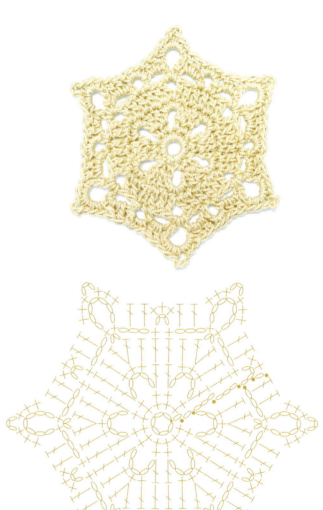

47 雨夹雪 I
作品展示见29页

雨夹雪系列花样中的第1个是一个精致的冰花造型。

作品直径：54mm
用线量：5.5m

基础环：钩6锁针，用引拔针引拔成环。
第1圈：1锁针起立（当作1短针），再钩11短针后用引拔针与起始的1锁针闭合。
第2圈：1锁针起立（当作1短针）在接下来的短针处钩1短针。*钩5锁针，在下一2短针处钩2短针。从*重复4次后，钩5锁针。用引拔针与起始的1锁针闭合。
第3圈：1锁针起立（当作1短针），下一短针上钩1短针。*4锁针，5锁针上钩1长长针，4锁针。**接下来的2短针上钩2短针。从*重复4次，再从*到**重复1次。用引拔针与起始的1锁针闭合。
第4圈：用引拔针将线移到上圈4锁针处。*4锁针上钩4短针，长长针上钩1短针，2锁针，1短针。4锁针上上钩4短针。**用引拔针将线移到下一4锁针处。从*重复4次，再从*到**重复1次。用引拔针与起始的引拔针闭合，断线，将线头藏好，编织完成。

48 雨夹雪 II
作品展示见30页

雨夹雪系列的第2个花样与第1个开始的时候完全一样，不同的是在边缘用长针强调了六角形的硬朗造型。

作品直径：70mm
用线量：8.2m

基础环：钩6锁针，用引拔针引拔成环。
第1圈：1锁针起立（当作1短针），再钩11短针后用引拔针与起始的1锁针闭合。
第2圈：1锁针起立（当作1短针）在接下来的短针处钩1短针。*钩5锁针，在下一2短针处钩2短针。从*重复4次后，钩5锁针。用引拔针与起始的1锁针闭合。
第3圈：1锁针起立（当作1短针），下一短针上钩1短针。*4锁针，5锁针上钩1长长针，4锁针。**接下来的2短针上钩2短针。从*重复4次，再从*到**重复1次。用引拔针与起始的1锁针闭合。
第4圈：用引拔针将线移到上圈4锁针中的第2针处。1锁针起立（当作1短针）。4锁针上钩2短针，*长长针上钩1短针，4锁针，1短针。4锁针上钩3短针。2锁针。**下一4锁针上钩3短针。从*重复4次，再从*到**重复1次。用引拔针与起始的1锁针闭合。
第5圈：3锁针起立（当作1长针）。接下来的2短针上钩2长针。*在4锁针线圈上钩2短针，4锁针，2短针。跳过1短针，在接下来的3短针上钩3长针。2锁针上钩1长针。**接下来的3短针上钩3长针。从*重复4次，再从*到**重复1次。用引拔针与起始的3锁针中的第3针闭合，断线，将线头藏好，编织完成。

技术难度：中级

| **49** | **伏尔加的风**
作品展示见30页 |
|---|---|

这个雪花片由大量锁针线环和短针组合而成，得名于俄罗斯大草原上寒冷的东北风。

作品直径：76mm
用线量：7.3m

基础环： 钩4锁针，用引拔针引拔成环。
第1圈： 1锁针起立（当作1短针），*6锁针，在基础环上钩1短针形成线环。从*重复4次，6锁针，后用引拔针与起始的1短针闭合。
第2圈： 用引拔针将线移到上圈6锁针处，1锁针起立（当作1短针）。仍在这个线环上钩2短针，2锁针，3短针。在剩下的5个线环上钩3短针，2锁针，3短针。用引拔针与起始的1锁针闭合。
第3圈： 用引拔针将线移到上圈2锁针处，1锁针起立（当作1短针）。6锁针，仍在2锁针处钩钩1短针。*5锁针，下一2锁针处钩1短针，6锁针，1短针。从*重复4次，钩5锁针。用引拔针与起始的1锁针闭合。
第4圈： 1锁针起立（当作1短针）。*3锁针，上圈6锁针处钩2短针，3锁针，下一短针上钩1短针，2锁针，在上圈5锁针的中间钩1短针，2锁针。**下一短针上钩1短针。从*重复4次，再从*到**重复1次。用引拔针与起始的1锁针闭合。
第5圈： 用引拔针将线移到上圈3锁针处，1锁针起立（当作1短针）。仍在3锁针上钩2短针。*短针上钩1短针，8锁针引拔成环，下一短针上钩1短针。3锁针上钩3短针。接下来两个2锁针上各钩2短针。**3锁针上钩3短针。从*重复4次，再从*到**重复1次。用引拔针与起始的1锁针闭合，断线，将线头藏好，编织完成。

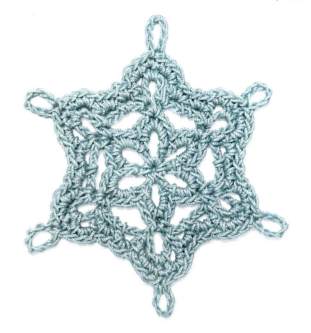

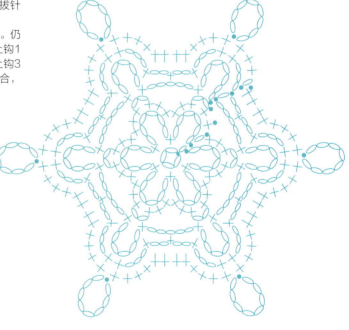

50 雪月
作品展示见31页

在二月的月色中，也许会看到这片华丽、带有花边的雪花闪闪发光。

作品直径：76mm
用线量：7.3m

基础环：钩6锁针，用引拔针引拔成环。
第1圈：1锁针起立（当作1短针），再钩11短针后用引拔针与起始的1锁针闭合。
第2圈：3锁针起立（当作1长针）。*2锁针，在下一短针上钩1长针。从*重复上述过程10次后，再钩2锁针，后用引拔针与起始的3锁针中的第3针闭合。
第3圈：1锁针起立（当作1短针）。*2锁针上钩2短针，长针上钩1短针，下一2锁针上钩1短针，2锁针，1短针。**长针上钩1短针。从*重复4次，再从*到**重复1次。用引拔针与起始的1锁针闭合。
第4圈：3锁针起立（当作1长针）。*2锁针，跳过2短针，在第3、第4个短针上各钩1长针，在2锁针上钩1长针，3锁针，1长针。**下2短针上钩2长针。从*重复4次，再从*到**重复1次。用引拔针与起始的3锁针中的第3针闭合。
第5圈：用引拔针将线移到上圈2锁针处，1锁针起立（当作1短针）。4锁针，仍在2锁针上钩1短针。*3锁针，下一3锁针上钩1短针，4锁针，1短针，8锁针，1短针，4锁针，1短针。3锁针。**下一2锁针上钩1短针，4锁针，1短针。从*重复4次，再从*到**重复1次。用引拔针与起始的1锁针闭合，断线，将线头藏好，编织完成。

51 尼默风
作品展示见31页

这个庄重的雪花片得名于尼默风——在匈牙利冬季常见的一种大风暴。

作品直径：79mm
用线量：8.2m

基础环：钩6锁针，用引拔针引拔成环。
第1圈：3锁针起立（当作1长针），再钩11长针后用引拔针与起始的3锁针中的第3针闭合。
第2圈：1锁针起立（当作1短针）在接下来的长针处钩1短针。*钩4锁针，在下一长针处钩1短针。从*重复4次后，钩4锁针。用引拔针与起始的1锁针闭合。
第3圈：1锁针起立（当作1短针）。短针上钩1短针。*在4锁针上钩2短针，3锁针，2锁针。**接下来的2短针上各钩1短针。从*重复4次，再从*到**重复1次。用引拔针与起始的1锁针闭合。
第4圈：1锁针起立（当作1短针），下一短针上钩1短针。*4锁针，在3锁针上钩1长针，7锁针引拔成环，1长针。4锁针。**跳过2短针，在第3、第4个短针上各钩1短针。从*重复4次，再从*到**重复1次。用引拔针与起始的1锁针闭合。
第5圈：用引拔针将线移到上圈4锁针处，1锁针起立（当作1短针）。再钩3短针。*长针上钩1短针，7针线圈上钩3短针，2锁针，3短针。下一长针上钩1短针。**下一4锁针上钩4短针。从*重复4次，再从*到**重复1次。用引拔针与起始的1锁针闭合，断线，将线头藏好，编织完成。

技术难度：中级

52 霜 晶
作品展示见31页

这片雪花有着锯齿状的边缘，让人想起雪花被凝结的小液滴覆盖形成的霜晶。

作品直径：64mm
用线量：7.3m

基础环：钩4锁针，用引拔针引拨成环。
第1圈：3锁针起立（当作1长针）。*在基础环上钩3锁针，1长针。从*重复4次，再钩3锁针，后用引拔针与起始的3锁针中的第3针闭合。
第2圈：用引拔针将线移到上圈3锁针处，3锁针起立（当作1长针）。仍在这个3锁针的位置钩1长针，2锁针，2长针。在剩下5个3锁针处各2长针，2锁针，2长针。后用引拔针与起始的3锁针中的第3针闭合。
第3圈：用引拔针将线移到上圈2锁针处，3锁针起立（当作1长针）。仍在这个2锁针上钩2长针，2锁针，3长针。*2锁针，下一2锁针上钩3长针，2锁针，3长针。从*重复4次，再钩2锁针。用引拔针与起始的3锁针中的第3针闭合。
第4圈：1锁针起立（当作1短针）。在接下来的2针短针上各钩2锁针，1短针（2组）。钩2锁针。*在2锁针上钩1短针，4锁针，1短针。在接下来的两针短针上各钩2锁针，1短针（2组）。**接下来的3短针上各钩1短针，2锁针（3组）。从*重复4次，再从*到**重复1次。用引拔针与起始的1锁针中闭合，断线，将线头藏好，编织完成。

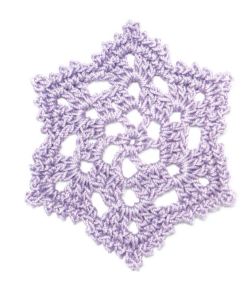

53 寒北风
作品展示见30页

这个颇有旋转感的雪花片得名于冬季奥地利蒂罗尔寒冷的北风。

作品直径：70mm
用线量：5.5m

基础环： 钩6锁针，用引拔针引拔成环。
第1圈： 3锁针起立（当作1长针），*钩2锁针，1长针。从*重复10次后，钩2锁针。用引拔针与起始的3锁针中的第3针闭合。
第2圈： 用引拔针将线移至上圈2锁针处，1锁针起立（当作1短针）。*钩3锁针，在下一上圈2锁针处钩1短针。从*重复10次后，钩3锁针。用引拔针与起始的1锁针闭合。
第3圈： 用引拔针将线移至上圈3锁针处，钩1锁针起立（当作1短针）。仍在这个3锁针上钩2锁针，1短针。*在下一3锁针处1短针，1长针，2锁针，1长针，1短针。**在下一3锁针上钩1短针，2锁针，1短针。从*重复4次，再从*到**重复1次。用引拔针与起始的1锁针闭合。
第4圈： 用引拔针将线移至上圈2锁针处，钩1锁针起立（当作1短针）。*3锁针，在下一2锁针上钩2短针，8锁针引拔成环，2短针，3锁针。**下一2锁针上钩1短针。从*重复4次，再从*到**重复1次。用引拔针与起始的1锁针中闭合，断线，将线头藏好，编织完成。

54 乔兰风
作品展示见31页

这朵小雪花片得名于瑞士的乔兰山区，冬季，寒冷的风吹过那里，带来了片片雪花。

作品直径：54mm
用线量：3.7m

基础环： 钩6锁针，用引拔针引拔成环。
第1圈： 1锁针起立（当作1短针），再钩11短针后用引拔针与起始的1锁针闭合。
第2圈： 1锁针起立（当作1短针）在接下来的短针处钩1短针。*钩2锁针，在下一短针处钩1短针。从*重复4次后，钩2锁针。用引拔针与起始的1锁针闭合。
第3圈： 1锁针起立（当作1短针），下一短针上钩1短针。*2锁针上钩1中长针，1长针，6锁针引拔成环，8锁针引拔成环，6锁针引拔成环。用引拔针将线移到3个线环前的那针长针上，仍在这个2锁针上再钩1中长针。**接下来的2短针上钩2短针。从*重复4次，再从*到**重复1次。用引拔针与起始的1锁针闭合，断线，将线头藏好，编织完成。

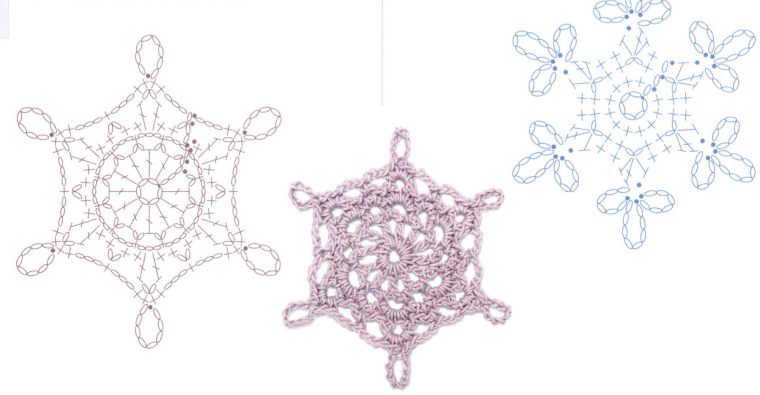

55 冰柱

作品展示见30页

闭上眼睛，想象一下冬天窗外悬挂的一排漂亮的小冰柱吧。

作品直径：89mm
用线量：6.4m

基础环： 钩6锁针，用引拔针引拔成环。

第1圈： 1锁针起立（当作1短针），再钩11短针后用引拔针与起始的1锁针闭合。

第2圈： 1锁针起立（当作1短针）在接下来的短针处钩1短针。*钩5锁针，在下一短针处钩1短针。从*重复4次后，钩5锁针。用引拔针与起始的1锁针闭合。

第3圈： 3锁针起立（当作1长针），下一短针上钩1长针。*2锁针，5锁针上钩1短针，2锁针。**接下来的2锁针上钩2长针。从*重复4次，再从*到**重复1次。用引拔针与起始的3锁针中的第3针闭合。

第4圈： 用引拔针将线移到上圈2锁针处，1锁针起立（当作1短针），仍在这个2锁针上钩1短针。*在接下来的短针上钩1短针，2锁针，1短针。2锁针上钩2短针，2锁针。**下一2锁针上钩2长针。从*重复4次，再从*到**重复1次。用引拔针与起始的1锁针闭合。

第5圈： 1锁针起立（当作1短针）。*钩4锁针，下一2锁针上钩1长针，8锁针，将最后4针引拔成环，4锁针，用引拔针将线移到刚才的长针上，4锁针，跳过2短针，在第3个短针上钩1短针。在2锁针上钩1短针，4锁针，1短针。**短针上钩1短针。从*重复4次，再从*到**重复1次。用引拔针与起始的1锁针闭合，断线，将线头藏好，编织完成。

56 布加风
作品展示见31页

这片颇为通透的雪花片像是阿拉斯加的东北风——布加风带来的雪花。

作品直径：70mm
用线量：8.2m

基础环： 钩6锁针，用引拔针引拔成环。
第1圈： 1锁针起立（当作1短针），再钩11短针后用引拔针与起始的1锁针闭合。
第2圈： 3锁针起立（当作1长针）。*2锁针，在下一短针上钩1长针。从*重复上述过程10次后，再钩2锁针，后用引拔针与起始的3锁针中的第3针闭合。
第3圈： 用引拔针将线移到上圈2锁针处，1锁针起立（当作1短针）。2锁针再钩1短针。*2锁针，下一2锁针上钩2短针。从*重复上述过程10次后，钩2锁针。用引拔针与起始的1锁针闭合。
第4圈： 用引拔针将线移到上圈2锁针处，1锁针起立（当作1短针）。*3锁针，跳过2短针，在2锁针上钩2长针，3锁针。**下一2锁针上钩1短针。从*重复4次，再从*到**重复1次。用引拔针与起始的1锁针闭合。
第5圈： *5锁针，长针处各钩1长针（共2针）。5锁针。**用引拔针将线移到上圈短针处。从*重复4次，再从*到**重复1次。用引拔针与起始的引拔针闭合。
第6圈： *上圈5锁针上钩5短针。长针上钩1短针，1长针，2锁针。下一长针上钩1长针，1短针。5锁针上钩5短针。用引拔针将线移到上圈引拔针处。从*重复上述过程5次后，断线，将线头藏好，编织完成。

57 卡塞内特风
作品展示见30页

这款简单而有冰雪感的设计，得名于比利牛斯山脉的峡谷吹来的寒风。

作品直径：60mm
用线量：5.5m

基础环： 钩6锁针，用引拔针引拔成环。
第1圈： 1锁针起立（当作1短针），再钩11短针后用引拔针与起始的1锁针闭合。
第2圈： 3锁针起立（当作1长针）在接下来的短针处钩1长针。*钩3锁针，在接下来的2短针处钩2长针。从*重复4次后，钩3锁针。用引拔针与起始的3锁针中的第3针闭合。
第3圈： 1锁针起立（当作1短针）。*2锁针，长针上钩1短针。3锁针上钩1中长针，1长针，8锁针与长针形成的辫子引拔成环，1中长针。**长针上钩1短针。从*重复4次，再从*到**重复1次。用引拔针与起始的1锁针闭合。
第4圈： 用引拔针将线移到上圈2锁针处，1锁针起立（当作1短针）。*2锁针，用引拔针将线移到下一长针处。在8针线圈上钩4短针，2锁针，4短针。用引拔针将线移到上圈引拔针处，2锁针。**下一2锁针上钩1短针。从*重复4次，再从*到**重复1次。用引拔针与起始的1锁针闭合，断线，将线头藏好，编织完成。

技术难度：中级

58 雪崩

作品展示见30页

大量六角形的雪花堆积在山坡上，随后滑下时会形成白色粉末状的雪崩。

作品直径：60mm
用线量：7.3m

基础环：钩6锁针，用引拔针引拔成环。
第1圈：1锁针起立（当作1短针），再钩11短针后用引拔针与起始的1锁针闭合。
第2圈：1锁针起立（当作1短针）。*钩3锁针，在下一短针处钩1短针。从*重复10次后，钩3锁针。用引拔针与起始的1锁针闭合。
第3圈：用引拔针将线移到上圈3锁针处，1锁针起立（当作1短针），仍在这个3锁针上钩1短针。在剩下的11个3锁针上各钩2短针。用引拔针与起始的引拔针闭合。
第4圈：1锁针起立（当作1短针），*3锁针，下一短针上钩1短针。从*重复上述过程22次后，钩3锁针。用引拔针与起始的1锁针闭合。
第5圈：用引拔针将线移到上圈3锁针处，1锁针起立（当作1短针），仍在这个3锁针上钩1短针。在接下来的3组3锁针上各钩2短针。*钩4锁针，接下来的4个3锁针上各钩2短针。从*重复4次，钩4锁针。用引拔针与起始的1锁针闭合。
第6圈：3锁针起立（当作1长针）。下一短针上钩1长针。*钩1锁针，跳过1短针，在下两个短针上各钩1长针。1锁针，跳过1短针，在下两个短针上各钩2长针。在4锁针上钩1短针，2锁针，1短针。**在下两个短针上各钩1长针。从*重复4次，再从*到**重复1次。用引拔针与起始的3锁针中的第3针闭合，断线，将线头藏好，编织完成。

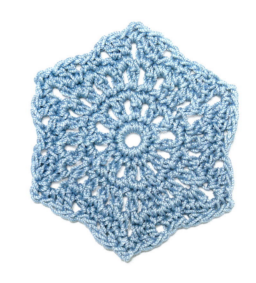

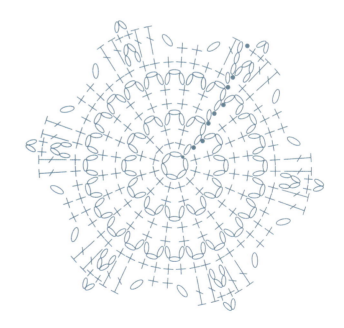

| 59 | **北雹风**
作品展示见31页

这个有趣的名字来源于英格兰北部的冰雹和风暴。

作品直径：79mm
用线量：7.3m

基础环：钩6锁针，用引拔针引拔成环。
第1圈：1锁针起立（当作1短针），再钩11短针后用引拔针与起始的1锁针闭合。
第2圈：1锁针起立（当作1短针）。*钩4锁针，在下一短针处钩1短针。从*重复10次后，钩4锁针。用引拔针与起始的1锁针闭合。
第3圈：用引拔针将线移到上圈4锁针处，1锁针起立（当作1短针），仍在这个4锁针上钩1短针。*1锁针，下一4锁针上钩2短针。从*重复10次后，钩1短针。用引拔针与起始的1锁针闭合。
第4圈：1锁针起立（当作1短针），短针上钩1短针。*1锁针上钩1短针，下一短针上钩1短针。3锁针，下一短针上钩1短针，锁针上钩1短针。**两个短针上各钩1短针。从*重复4次，再从*到**重复1次。用引拔针与起始的1锁针闭合。
第5圈：1锁针起立（当作1短针）。*钩3锁针，下一短针上钩1短针。2锁针，下一3锁针上钩2短针，6锁针引拔成环，10锁针引拔成环，6锁针引拔成环，2短针。2锁针。**跳过2短针，在第3个短针上钩1短针。从*重复4次，再从*到**重复1次。用引拔针与起始的1锁针闭合，断线，将线头藏好，编织完成。

| 60 | **密史脱柱风**
作品展示见32页

密史脱柱风是法国寒冷干燥的风，冬季会非常猛烈。这款轻盈、有着星状边缘的雪花也许正被这股风吹得漫天飞舞。

作品直径：67mm
用线量：4.6m

基础环：钩6锁针，用引拔针引拔成环。
第1圈：1锁针起立（当作1短针），再钩11短针后用引拔针与起始的1锁针闭合。
第2圈：1锁针起立（当作1短针）。在接下来的短针处钩1短针。*钩5锁针，在下两个短针处各钩1短针。从*重复4次后，钩5锁针。用引拔针与起始的1锁针闭合
第3圈：1锁针起立（当作1短针）。*4锁针引拔成环，下一短针上钩1短针，钩4锁针，上圈5锁针的顶端钩1长长针。钩3个6锁针引拔成环（3个环）。用引拔针将线移到刚才的长长针上，4锁针。**下一短针上钩1短针。从*重复4次，再从*到**重复1次。用引拔针与起始的1锁针闭合，断线，将线头藏好，编织完成。

技术难度：中级

61 冰斗冰川
作品展示见33页

这片曲线优美的雪花飘落下来，也许舒适地停靠在山洞里的小型冰川形成的冰斗之中。

作品直径：70mm
用线量：7.3m

基础环：钩6锁针，用引拔针引拔成环。
第1圈：1锁针起立（当作1短针），再钩11短针后用引拔针与起始的1锁针闭合。
第2圈：1锁针起立（当作1短针）。*下一短针上钩1短针，6锁针，1短针。**下一短针上钩1短针。从*重复4次，再从*到**重复1次。用引拔针与起始的1锁针闭合。
第3圈：1锁针起立（当作1短针），下一6锁针线圈上钩4短针，2锁针，4短针。**跳过1短针（即跳过6锁针线圈底部那针），在下一短针上钩1短针。从*重复4次，再从*到**重复1次。用引拔针与起始的1锁针闭合。
第4圈：1锁针起立（当作1短针）。*5锁针，下一上圈2锁针上钩1长针，2锁针，1长针，5锁针。**跳过4短针，在第5个短针上钩1短针。从*重复4次，再从*到**重复1次。用引拔针与起始的1锁针闭合。
第5圈：用引拔针将线移到上圈5锁针处，1锁针起立（当作1短针）。仍在这个5锁针上钩3短针。*长针上钩1短针，2锁针上钩1短针，4锁针引拔成环，1短针。下一长针上钩1短针。**接下来的2个5锁针上各钩4短针。从*重复4次，再从*到**重复1次。用引拔针与起始的1锁针闭合，断线，将线头藏好，编织完成。

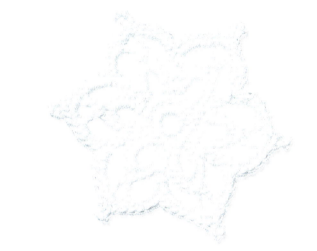

62 冬至
作品展示见33页

这片娇美的雪花也许会在冬至———一年中白天最短的时候飘落。

作品直径：76mm
用线量：5.5m

基础环：钩6锁针，用引拔针引拔成环。
第1圈：1锁针起立（当作1短针），再钩11短针后用引拔针与起始的1锁针闭合。
第2圈：1锁针起立（当作1短针）。*下一短针上钩1长针，3锁针，1长针。**下一短针上钩1短针。从*重复4次，再从*到**重复1次。用引拔针与起始的1锁针闭合。
第3圈：1锁针起立（当作1短针），4锁针引拔成环，在4锁针起始的位置再钩1短针。*接下来的3锁针上钩2短针，9锁针，将最后6针引拔成环，8锁针引拔成环，6锁针引拔成环，用引拔针将线移到刚才9锁针的第3针处，2锁针，2短针（仍在刚才的3锁针上）。**跳过1长针，在下一短针上钩1短针，4锁针引拔成环，在4锁针的起始处再钩1短针。从*重复4次，再从*到**重复1次。用引拔针与起始的1锁针闭合，断线，将线头藏好，编织完成。

63 苏埃斯塔多风暴
作品展示见33页

苏埃斯塔多风暴是冬季南美洲东海岸的强烈风暴。

作品直径：83mm
用线量：7.3m

基础环：钩6锁针，用引拔针引拔成环。
第1圈：1锁针起立（当作1短针），再钩11短针后用引拔针与起始的1锁针闭合。
第2圈：1锁针起立（当作1短针）。*钩6锁针，跳过1短针，在下一短针处钩1短针。从*重复4次后，钩6锁针。用引拔针与起始的1锁针闭合。
第3圈：1锁针起立（当作1短针）。*在上圈6锁针处2短针，1长针，1锁针，1长针，2短针。**下一短针上钩1短针。从*重复4次，再从*到**重复1次。用引拔针与上圈的引拔针闭合。
第4圈：用引拔针将线移至上圈第2个短针处，钩1锁针起立（当作1短针）。*长针上钩1短针。上圈1锁针上钩1短针，2锁针，1短针。长针上钩1短针。短针上钩1短针，3锁针。**跳过3锁针，下一短针上钩1短针。从*重复4次，再从*到**重复1次。用引拔针与起始的1锁针闭合。
第5圈：1锁针起立（当作1短针），接下来2短针上各钩1短针。*2锁针上钩1短针，6锁针引拔成环，10锁针引拔成环，6锁针引拔成环，1短针。接下来的3短针上各钩1短针，3锁针上钩1短针。**接下来3短针上钩1短针。从*重复4次，再从*到**重复1次。用引拔针与起始的1锁针闭合，断线，将线头藏好，编织完成。

64 埃尔维阵风
作品展示见32页

埃尔维阵风是冬季挪威峡湾里吹过的寒冷阵风,雪花的外形如同皇家徽章一般。

作品直径:79mm
用线量:8.2m

基础环: 钩6锁针,用引拔针引拔成环。
第1圈: 1锁针起立(当作1短针),再钩11短针后用引拔针与起始的1锁针闭合。
第2圈: 1锁针起立(当作1短针)。在接下来的短针处钩1短针。*钩3锁针,在下两个短针处各钩1短针。从*重复4次后,钩3锁针。用引拔针与起始的1锁针闭合。
第3圈: 用引拔针将线移到上圈3锁针处,1锁针起立(当作1短针)。*5锁针,下一3锁针上钩1短针。从*重复4次,5锁针。用引拔针与起始的1锁针闭合。
第4圈: 用引拔针将线移到上圈5锁针处,1锁针起立(当作1短针)。5锁针上钩5短针。*3锁针,下一5锁针上钩6短针。从*重复4次后,钩3锁针。用引拔针与起始的1锁针闭合。
第5圈: 用引拔针将线移到上圈第1个短针处,1锁针起立(当作1短针)。3短针上各钩1短针。*1锁针,跳过1短针,下一3锁针上钩2长针,3锁针,2长针。1锁针。**跳过1短针,接下来的4短针上各钩1短针。从*重复4次,再从*到**重复1次。用引拔针与起始的1锁针闭合。
第6圈: 用引拔针将线移到上圈第1个锁针处(共需4次引拔),1锁针起立(当作1短针)。*2长针上各钩1短针。3锁针上钩2短针,6锁针引拔成环,2短针。接下来2长针、1锁针上各钩1短针(3针)。3锁针。**跳过4短针,下一锁针上钩1短针。从*重复4次,再从*到**重复1次。用引拔针与起始的1锁针闭合,断线,将线头藏好,编织完成。

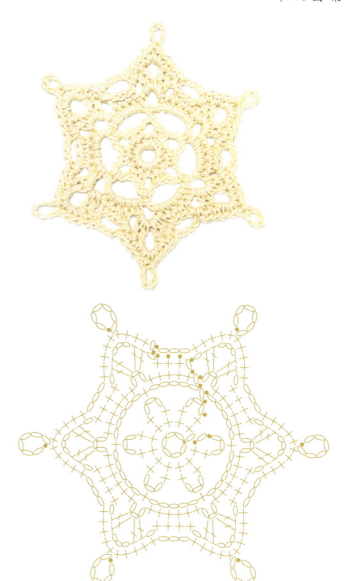

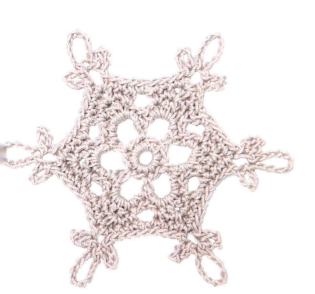

65 海上浮冰 I
作品展示见32页

这片雪花微小却致密，也许会出现在海上浮冰之中。

作品直径：57mm
用线量：4.6m

基础环： 钩6锁针，用引拔针引拔成环。
第1圈： 3锁针起立（当作1长针），再钩11长针后用引拔针与起始的3锁针中的第3针闭合。
第2圈： 1锁针起立（当作1短针）。*在接下来的长针处钩1长针，2锁针，1长针。**下一长针上钩1短针。从*重复4次，再从*到**重复1次。用引拔针与起始的1短针闭合。
第3圈： 用引拔针将线移到上圈长针处，1锁针起立（当作1短针）。制作如下线圈组合：{6锁针引拔成环，8锁针引拔成环，6锁针引拔成环}，用引拔针将线移到上圈2锁针处，1短针。*4锁针，下一2锁针处钩1短针，重复"{}"中的操作制作线圈组合，引拔针将线移到2锁针上，钩1短针。从*重复4次，4锁针。用引拔针与起始的1短针闭合，断线，将线头藏好，编织完成。

66 海上浮冰 II
作品展示见33页

这片雪花与"海上浮冰I"相比，在边缘增加了短针，使得正六边形的外形更为明显。

作品直径：57mm
用线量：6.4m

基础环： 钩6锁针，用引拔针引拔成环。
第1圈： 3锁针起立（当作1长针），再钩11长针后用引拔针与起始的3锁针中的第3针闭合。
第2圈： 1锁针起立（当作1短针）。*在接下来的长针处钩1长针，2锁针，1长针。**下一长针上钩1短针。从*重复4次，再从*到**重复1次。用引拔针与起始的1短针闭合。
第3圈： 用引拔针将线移到上圈2锁针处，1锁针起立（当作1短针）。制作如下线圈组合：{6锁针引拔成环，8锁针引拔成环，6锁针引拔成环}，用引拔针将线移到起立的2锁针（当作1短针）处，1短针。*4锁针，下一2锁针处钩1短针，重复"{}"中的操作制作线圈组合，引拔针将线移到2锁针上，钩1短针。从*重复4次，再从*到**重复1次。用引拔针与起始的1锁针闭合。
第4圈： 用引拔针将线移到上圈第1个6锁针线圈的中部（共需4次引拔），1锁针起立（当作1短针）。在这个线圈上钩2短针。*下一8锁针线圈上钩2短针，2锁针，2短针。下一6锁针线圈上钩3短针。**换到下一6锁针线圈，在其上钩3短针。从*重复4次，再从*到**重复1次。用引拔针与起始的1锁针闭合，断线，将线头藏好，编织完成。

技术难度：中级

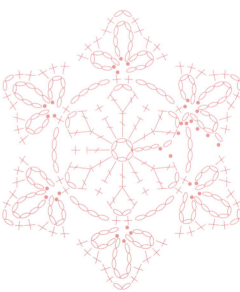

67 东北风

作品展示见32页

这片精美的雪花来自遥远的波斯湾，冬季，伊朗海岸吹过东北风，带来片片飞雪。

作品直径：86mm
用线量：11m

基础环： 钩6锁针，用引拔针引拔成环。
第1圈： 1锁针起立（当作1短针），再钩11短针后用引拔针与起始的1锁针闭合。
第2圈： 1锁针起立（当作1短针）在接下来的短针处钩1短针。*钩5锁针，在下两个短针处各钩1短针。从*重复4次后，钩5锁针。用引拔针与起始的1锁针闭合。
第3圈： 用引拔针将线移到5锁针处，1锁针起立（当作1短针）。5锁针上钩2短针，3锁针，3短针。*1锁针，下一5锁针上钩3短针，3锁针，3短针。从*重复4次，1锁针。用引拔针与起始的1锁针闭合。
第4圈： 用引拔针将线移到上圈3锁针处，1锁针起立（当作1短针）。仍在这个3锁针上钩1短针，2锁针，2短针。*2锁针，下一1锁针上钩1长针，2锁针。**下一3锁针上钩2短针，2锁针，2短针。从*重复4次，再从*到**重复1次。用引拔针与起始的1锁针闭合。
第5圈： 用引拔针将线移到上圈短针处，3锁针起立（当作1长针）。*2锁针上钩1长针，2锁针，1长针。下一短针上钩1长针。跳过1短针，下面两个2锁针上各钩2长针（4针）。**跳过1短针，下一短针上钩1长针。从*重复4次，再从*到**重复1次。用引拔针与起始的3锁针中的第3闭合。
第6圈： 1锁针起立（当作1短针）。*2锁针，下一长针上钩1长针，2锁针。接下来的2锁针上钩1短针，8锁针，1短针。接下来的2个长针上各钩2针，1短针。5锁针并将最后4针引拔成环，1锁针。**跳过4长针，在第5针长针上钩1短针。从*重复4次，再从*到**重复1次。用引拔针与起始的1锁针闭合，断线，将线头藏好，编织完成。

68 针状冰
作品展示见32页

这些小雪花来自那些湖面或海面的冰碎裂之后形成的一簇簇的冰晶。

作品直径：60mm
用线量：5.5m

基础环：钩6锁针，用引拔针引拔成环。
第1圈：3锁针起立（当作1长针），再钩11长针后用引拔针与起始的1锁针闭合。
第2圈：1锁针起立（当作1短针）下一长针上钩1短针。*4锁针，下两个长针上各钩1短针。从*重复4次后，钩4锁针。用引拔针与起始的1锁针闭合。
第3圈：1锁针起立（当作1短针），下一短针上钩1短针。*在上圈4锁针处2短针，3锁针，2短针。**下一短针上钩1短针。从*重复4次，再从*到**重复1次。用引拔针与上圈的锁针闭合。
第4圈：钩1锁针起立（当作1短针），下一短针上钩1短针。*4锁针，3针上钩1长针，4锁针。**跳过2短针，在第3、第4个短针上各钩1短针。从*重复4次，再从*到**重复1次。用引拔针与起始的1锁针闭合。
第5圈：用引拔针将线移到上圈4锁针处，1锁针起立（当作1短针），4锁针上钩3短针。*长针上钩1短针，4锁针，1短针。**接下来2个4锁针上各钩4短针。从*重复4次，再从*到**重复1次。4锁针上钩4短针。用引拔针与起始的1锁针闭合，断线，将线头藏好，编织完成。

69 平面枝蔓
作品展示见33页

这片雪花的花瓣像树枝一样，错综复杂，向四方伸展。

作品直径：73mm
用线量：5.5m

基础环：钩6锁针，用引拔针引拔成环。
第1圈：1锁针起立（当作1短针），再钩11短针后用引拔针与起始的1锁针闭合。
第2圈：1锁针起立（当作1短针）。在接下来的短针处钩1短针。*钩3锁针，在下两个短针处各钩1短针。从*重复4次后，钩3锁针。用引拔针与起始的1锁针闭合。
第3圈：1锁针起立（当作1短针），在接下来的短针处钩1短针。*3锁针上钩1短针，7锁针并将最后6针引拔成环，6锁针并将最后5针引拔成环，5锁针并将最后4针引拔成环，再作2个4锁针引拔成环，用引拔针将线移到5锁针的第1针处，5锁针引拔成环，用引拔针将线移到6锁针的第1针处，6锁针引拔成环，用引拔针将线移到7锁针的第1针处，再在刚才3锁针的位置再钩1短针。**接下来的2短针上各钩1短针。从*重复4次，再从*到**重复1次。用引拔针与起始的1锁针闭合，断线，将线头藏好，编织完成。

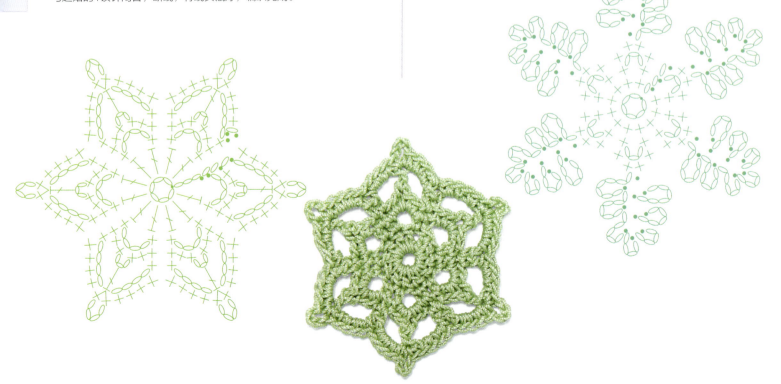

70 朦胧

作品展示见34页

雪花被风吹起，天空中像挂了一道雪幕，视线变得一片朦胧。

作品直径：89mm
用线量：11m

基础环：钩6锁针，用引拔针引拔成环。
第1圈：3锁针起立（当作1长针），再钩11长针后用引拔针与起始的1锁针闭合。
第2圈：1锁针起立（当作1短针）。下一长针上钩1短针。*钩4锁针，下两个长针上各钩1短针。从*重复4次后，钩4锁针。用引拔针与起始的1锁针闭合。
第3圈：用引拔针将线移到上圈4锁针处，1锁针起立（当作1短针）。仍在这个4锁针上钩2短针，2锁针，3短针。*1锁针，下一4锁针上钩3短针，2锁针，3短针。从*重复4次。用引拔针与上圈的锁针闭合。
第4圈：用引拔针将线移到上圈2锁针处，钩1锁针起立（当作1短针）。*4锁针，下一锁针上钩1长针，4锁针。**接下来的2锁针上钩1短针。从*重复4次，再从*到**重复1次。用引拔针与起始的1锁针闭合。
第5圈：用引拔针将线移到上圈4锁针处，3锁针起立（当作1长针），仍在4锁针上钩3长针。*长针上钩1长针，接下来的4锁针上钩4长针。**短针上钩1长针，2锁针，1长针，接下来的4锁针上钩4长针。从*重复4次，再从*到**重复1次。上圈的引拔针上钩1长针，2锁针，1长针，用引拔针与起始的3锁针中的第3针闭合。
第6圈：1锁针起立（当作1短针），接下来的3长针上各钩1短针。*4锁针引拔成环，跳过1长针，接下来的4长针上各钩1短针。2锁针上钩1短针，4锁针，1短针，8锁针，1短针，4锁针，1短针。**跳过1长针，在接下来的4长针上各钩1短针。从*重复4次，再从*到**重复1次。用引拔针与起始的1锁针闭合，断线，将线头藏好，编织完成。

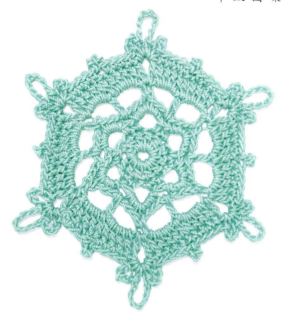

雪花图谱及钩织方法

71 冰封之原
作品展示见35页

极地或者高山上是一片冻土，那里没有树木，只有些苔藓、地衣之类的小植物，而这种如同冰冻的星星似的雪花太适合那里了。

作品直径：73mm
用线量：6.4m

技术难度：高级

基础环：钩6锁针，用引拔针引拔成环。
第1圈：3锁针起立（当作1长针）在基础环上钩1长针。*钩2锁针，在基础环上钩2长针。从*重复4次后，钩2锁针。用引拔针与起始的3锁针中的第3针闭合。
第2圈：1锁针起立（当作1短针）。长针上钩1短针。*在下一2锁针处钩1短针，4锁针，1短针。**2个长针上各钩1短针。从*重复4次，再从*到**重复1次。用引拔针与起始的1锁针闭合。
第3圈：用引拔针将线移到上圈4锁针处，1锁针起立（当作1短针）。仍在这个4锁针上钩2短针，2锁针，3短针。*3锁针，下一4锁针处钩3短针，2锁针，3短针。从*重复4次，钩3锁针。用引拔针与起始的1锁针闭合。
第4圈：1锁针起立（当作1短针），接下来的2短针上各钩1短针。*2锁针上钩1短针，5锁针并将最后4针引拔成环，做两个4锁针引拔成环，用引拔针将线移到刚才5锁针的第1针处，1锁针。接下来的3短针上各钩1短针，3锁针上钩1短针，3锁针引拔成环，1锁针。**接下来的3短针上各钩1短针。从*重复4次，再从*到**重复1次。用引拔针与起始的1锁针闭合，断线，将线头藏好，编织完成。

72 西尔佐风
作品展示见34页

西尔佐风在西班牙语里特指一种西北风——冬季，寒冷干燥的西尔佐风吹过法国和西班牙部分地区，为这里带来片片飞雪。

作品直径：70mm
用线量：7.3m

基础环：钩6锁针，用引拔针引拔成环。
第1圈：1锁针起立（当作1短针），再钩11短针后用引拔针与起始的1锁针闭合。
第2圈：1锁针起立（当作1短针）。在接下来的短针处钩1短针，*钩3锁针，在下两个短针处各钩1短针。从*重复4次后，钩3锁针。用引拔针与起始的1锁针闭合。
第3圈：用引拔针将线移到上圈3锁针处，3锁针起立（当作1长针）。在这个3锁针上钩1长针，3锁针，2长针。在余下的5个3锁针上各钩2长针，3锁针，2长针。用引拔针与起始的3锁针中的第3针闭合。
第4圈：1锁针起立（当作1短针），下一长针上钩1短针。*在3锁针上钩1中长针，1长针，5锁针，1长针，1中长针。**接下来的4长针上各钩1短针。从*重复4次，再从*到**重复1次。2长针上各钩1短针。用引拔针与起始的1锁针闭合。
第5圈：用引拔针将线移到上圈第1个短针处，1锁针起立（当作1短针）。*中长针、长针上各钩1短针，5锁针上钩3短针，4锁针，3短针。长针、中长针上各钩1短针。短针处钩1短针，4锁针引拔成环。**跳过2针，第3短针上钩1短针。从*重复4次，再从*到**重复1次。用引拔针与起始的1锁针闭合，断线，将线头藏好，编织完成。

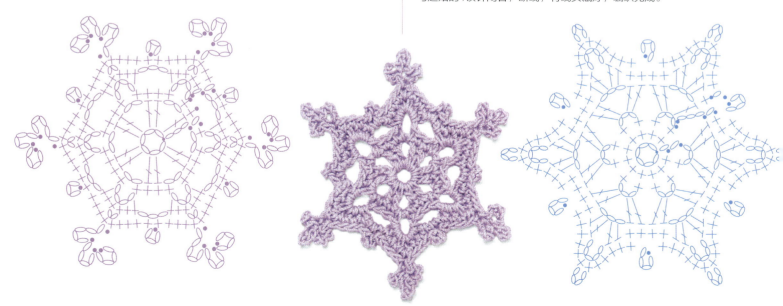

73 桑萨风
作品展示见35页

这片雪花来自于冬季的伊朗吹过的西北风,这个独特的名字的意思是"刺骨的寒风"。

作品直径:89mm
用线量:8.2m

基础环: 钩6锁针,用引拔针引拔成环。
第1圈: 1锁针起立(当作1短针),再钩11短针后用引拔针与起始的1锁针闭合。
第2圈: 1锁针起立(当作1短针)在接下来的短针处钩1短针。*钩5锁针,在下两个短针处各钩1短针。从*重复4次后,钩5锁针。用引拔针与起始的1锁针闭合。
第3圈: 用引拔针将线移到上圈5锁针处,1锁针起立(当作1短针)。在这个5锁针上钩2短针,3锁针,3短针。*1锁针,下一5锁针上钩3短针,3锁针,3短针。从*重复4次后,钩1锁针。用引拔针与起始的1锁针闭合。
第4圈: 用引拔针将线移到上圈3锁针处,3锁针起立(当作1长针),*5锁针,下一锁针上钩1长针。5锁针。**下一3锁针上钩1长针。从*重复4次,再从*到**重复1次。用引拔针与起始的3锁针中的第3针闭合。
第5圈: 1锁针起立(当作1短针)。做如下的线圈组合:{7锁针,将最后6针引拔成环,8锁针引拔成环,6锁针引拔成环,用引拔针将线移到7锁针的第1针处}。仍在起立针的位置再钩1短针。*2锁针,5锁针上钩1短针,2锁针。下一长针上钩1短针,4锁针引拔成环,1短针。2锁针,5锁针上钩1短针,2锁针。**下一长针上钩1短针,重复"{}"中的内容制作线圈组合。从*重复4次,再从*到**重复1次。用引拔针与起始的1锁针闭合,断线,将线头藏好,编织完成。

雪花图谱及钩织方法

74 暴雪
作品展示见34页

隆冬时季，你的窗户上会落下这样奇妙的雪花吗?

作品直径：70mm
用线量：8.2m

基础环： 钩6锁针，用引拔针引拔成环。
第1圈： 1锁针起立（当作1短针），再钩11短针后用引拔针与起始的1锁针闭合。
第2圈： *5锁针，短针上钩1长长针，5锁针。**引拔针将线移到下一短针上。从*重复4次，再从*到**重复1次。用引拔针与起始的引拔针闭合。
第3圈： 用引拔针将线移到上圈5锁针处，1锁针起立（当作1短针），仍在这个5锁针上钩3短针。*2锁针，跳过长长针，在下两个5锁针上各钩4短针。从*重复4次，2锁针，下一个5锁针上钩4短针。用引拔针与起始的1锁针闭合。
第4圈： 用引拔针将线移到上圈2锁针处（需4次引拔），1锁针起立（当作1短针）。8锁针，仍在这个2锁针上钩1短针。*7锁针，下一2锁针上钩1短针，8锁针，1短针。从*重复4次，钩7锁针。用引拔针与起始的1锁针闭合。
第5圈： 用引拔针将线移到上圈8锁针处，1锁针起立（当作1短针）。在这个8锁针线圈上钩3短针，2锁针，4短针。*下一7锁针上钩1短针，1中长针，1长针，4锁针引拔成环，1长针，1中长针，1短针。**下一8锁针线圈上钩4短针，2锁针，4短针。从*重复4次，再从*到**重复1次。用引拔针与起始的1锁针闭合，断线，将线头藏好，编织完成。

技术难度：高级

75 暴北风
作品展示见35页

这片雪花简单而美好，她得名于法国阿列日山谷中冬季的大风雪。

作品直径：83mm
用线量：8.2m

基础环： 钩6锁针，用引拔针引拔成环。
第1圈： 1锁针起立（当作1短针），再钩11短针后用引拔针与起始的1锁针闭合。
第2圈： 3锁针起立（当作1长针）。仍在刚才引拔针的位置再钩1长针。接下来的11针短针上各钩2长针。用引拔针与起始的3锁针中的第3针闭合。
第3圈： 1锁针起立（当作1短针）。*4锁针，跳过1长针，在下一长针上钩1短针。从*重复上述过程10次后，钩4锁针。用引拔针与起始的1锁针闭合。
第4圈： 用引拔针将线移到上圈4锁针处，1锁针起立（当作1短针）。仍在4锁针上钩3短针。*2锁针，接下来的两个4锁针上各钩4短针。从*重复4次，钩2锁针，4短针。用引拔针与起始的1锁针闭合。
第5圈： 用引拔针将线移到上圈短针处，1锁针起立（当作1短针）。接下来的2短针上各钩1短针。*在2锁针上钩1长针，1长长针，10锁针引拔成环，1长长针，1长针。接下来的3短针上各钩1短针，1锁针。**跳过2针，在接下来3短针上各钩1短针。从*重复4次，再从*到**重复1次。用引拔针与起始的1锁针闭合，断线，将线头藏好，编织完成。

76 北极星
作品展示见34页

冬季的夜晚，大片的雪花就像北极星一样闪烁着微光，这个夜晚多么美好。

作品直径：105mm
用线量：11m

基础环：钩6锁针，用引拔针引拔成环。
第1圈：1锁针起立（当作1短针），再钩11短针后用引拔针与起始的1锁针闭合。
第2圈：1锁针起立（当作1短针）在接下来的短针处钩1短针。*钩3锁针，在下两个短针处各钩1短针。从*重复4次后，钩3锁针。用引拔针与起始的1锁针闭合。
第3圈：用引拔针将线移到上圈3锁针处，3锁针起立（当作1长针）。在这个3锁针上钩1长针，3锁针，2长针。在余下的5个3锁针上各钩2长针，3锁针，2长针。用引拔针与起始的3锁针中的第3针闭合。
第4圈：3锁针起立（当作1长针），下一长针上钩1长针。*在3锁针上钩2长针，4锁针，2长针。**接下来的4长针各钩1长针。从*重复4次，再从*到**重复1次。2长针上各钩1长针。用引拔针与起始的3锁针中的第3针闭合。
第5圈：1锁针起立（当作1短针），长针上钩1短针。*4锁针引拔成环，接下来的2长针上各钩1短针。4锁针上钩2短针，8锁针并将最后7针引拔成环，6锁针并将最后5针引拔成环，7锁针引拔成环，5锁针引拔成环，用引拔针将线移到6锁针的第1针，7锁针引拔成环，用引拔针将线移到8锁针的第1针上。仍在这个4锁针上再钩2短针。接下来的2长针上各钩1短针，4锁针引拔成环。**4长针上各钩1短针。从*重复4次，再从*到**重复1次。2长针上各钩1长针。用引拔针与起始的1锁针闭合，断线，将线头藏好，编织完成。

77 北极光 I
作品展示见35页

北极光系列的雪花片来自于遥远的北极冰原，那里的天空时常会闪现绚丽多彩的光芒，将雪花也映衬得美妙无比。

作品直径：76mm
用线量：6.4m

基础环：钩6锁针，用引拔针引拔成环。
第1圈：3锁针起立（当作1长针）。在基础环上钩1长针。*钩2锁针，在基础环上钩2长针。从*重复4次后，钩2锁针。用引拔针与起始的3锁针中的第3针闭合。
第2圈：3锁针起立（当作1长针）。长针上钩1长针。*在下一2锁针处钩2长针，2锁针，2长针。**上圈2个长针上钩各1长针。从*重复4次，再从*到**重复1次。用引拔针与起始的3锁针中的第3针闭合。
第3圈：用引拔针将线移过上圈2长针，1锁针起立（当作1短针）。下一长针上钩1短针。*2锁针上钩1短针，3锁针，1短针。接下来2长针上各钩1短针，2锁针。**跳过2长针，在接下来的2长针上各钩1短针。从*重复4次，再从*到**重复1次。用引拔针与起始的1锁针闭合。
第4圈：用引拔针将线移到上圈3锁针处，3锁针起立（当作1长针）。*8锁针引拔成环，仍在上圈3锁针的位置再钩1长针。4锁针，下一2锁针上钩1短针，4锁针。**下一3锁针上钩1长针。从*重复4次，再从*到**重复1次。用引拔针与起始的3锁针中的第3针闭合，断线，将线头藏好，编织完成。

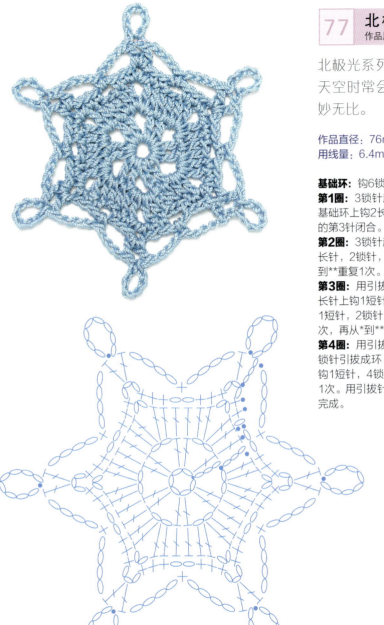

78 北极光Ⅱ
作品展示见35页

本书中，北极光系列的雪花片更为复杂，但无论如何，钩织的原理都是相同的——只要在边缘做一些变化就会有完全不同的效果。就如同这个北极光Ⅱ就变得更加华丽。

作品直径：89mm
用线量：11.9m

基础环：钩6锁针，用引拔针引拔成环。
第1圈：3锁针起立（当作1长针）。在基础环上钩1长针。*钩2锁针，在基础环上钩2长针。从*重复4次后，钩2锁针。用引拔针与起始的3锁针中的第3针闭合。
第2圈：3锁针起立（当作1长针）。长针上钩1长针。*在下一2锁针处钩2长针，2锁针，2长针。**上圈2个长针上各钩1长针。从*重复4次，再从*到**重复1次。用引拔针与起始的3锁针中的第3闭合。
第3圈：用引拔针将线移过上圈2长针，1锁针起立（当作1短针）。下一长针上钩1短针。*2锁针上钩1短针，3锁针，1短针。接下来2长针上各钩1短针，2锁针。**跳过2长针，在接下来的2长针上各钩1短针。从*重复4次，再从*到**重复1次。用引拔针与起始的1锁针闭合。
第4圈：用引拔针将线移到3锁针处，3锁针起立（当作1长针）。*8锁针引拔成环，仍在3锁针的位置再钩1长针。4锁针，下一2锁针上钩1短针，4锁针。**下一3锁针上钩1长针。从*重复4次，再从*到**重复1次。用引拔针与起始的3锁针中的第3针闭合。
第5圈：1锁针起立（当作1短针）。*在8锁针线圈上钩7短针，长针上钩1短针，4锁针，下一短针上钩1短针，4锁针。**下一个长针上钩1短针。从*重复4次，再从*到**重复1次。用引拔针与起始的1锁针闭合。
第6圈：用引拔针将线移到上圈1短针处，1锁针起立（当作1短针）。接下来的2短针上各钩1短针。*下一短针上钩1短针，3锁针，1短针。接下来的3短针上各钩1短针。接下来的两个4锁针上各钩4长针。**跳过1针，在接下来的3短针上各钩1短针。从*重复4次，再从*到**重复1次。用引拔针与起始的1锁针闭合，断线，将线头藏好，编织完成。

79 古克森风
作品展示见37页

这片可爱的雪花也许是瑞士阿尔卑斯山上的古克森风带来的吧！

作品直径：70mm
用线量：7.3m

基础环：钩6锁针，用引拔针引拔成环。
第1圈：1锁针起立（当作1短针），再钩11短针后用引拔针与起始的1锁针闭合。
第2圈：3锁针起立（当作1长针）。在接下来的短针处钩1长针。*钩5锁针，在接下来的2短针处钩2长针。从*重复4次后，钩5锁针。用引拔针与起始的3锁针中的第3针闭合。
第3圈：1锁针起立（当作1短针）。*2锁针，长针上钩1短针。5锁针上钩1短针，1中长针，1长针，4锁针，1长针，1中长针，1短针。**长针上钩1短针。从*重复4次，再从*到**重复1次。用引拔针与起始的1锁针闭合。
第4圈：用引拔针将线移到上圈2锁针处，1锁针起立（当作1短针）。*4锁针，下一上圈4锁针上钩1短针，1锁针，2长针，1锁针，1短针。4锁针。**下一2锁针上钩1短针。从*重复4次，再从*到**重复1次。用引拔针与起始的1锁针闭合。
第5圈：1锁针起立（当作1短针）。*4锁针，下一短针上钩1短针。1锁针上钩1短针，长针上钩1短针，1锁针，长针上钩1短针，1锁针上钩1短针，短针上钩1短针，4锁针。**下一短针上钩1短针。从*重复4次，再从*到**重复1次。用引拔针与起始的1锁针闭合，断线，将线头藏好，编织完成。

80 海上的烟
作品展示见36页

这片雪花设计得较为通透，用以表现冷空气经过温暖的海面形成的烟雾。

作品直径：86mm
用线量：7.3m

基础环：钩6锁针，用引拔针引拔成环。
第1圈：3锁针起立（当作1长针）。*2锁针，在基础环上钩1长长针，2锁针。**基础环上钩1长针。从*重复4次，再从*到**重复1次。用引拔针与起始的3锁针中的第3针闭合。
第2圈：1锁针起立（当作1短针）。*2锁针，下一长长针上钩1长针，2锁针，1短针，2锁针。**下一长针上钩1短针。从*重复4次，再从*到**重复1次。用引拔针与起始的1锁针闭合。
第3圈：1锁针起立（当作1短针），*4锁针，下一2锁针上钩1长针。6锁针，用引拔针将线移到刚才的长针处形成一个线环。4锁针。**跳过1锁针，在下一短针上钩1短针。从*重复4次，再从*到**重复1次。用引拔针与起始的1锁针闭合。
第4圈：1锁针起立（当作1短针），*4锁针，下一6锁针上钩2锁针，4锁针，1短针，6锁针，1短针，4锁针，2锁针，4锁针。**下一短针上钩1短针。从*重复4次，再从*到**重复1次。用引拔针与起始的1锁针闭合，断线，将线头藏好，编织完成。

| 81 | **冰 羽**
作品展示见36页

这片雪花有着羽毛状的边缘，用以表现冰霜凝结后形成的浓密的羽毛状结构。

作品直径：83mm
用线量：11.9m

基础环：钩6锁针，用引拔针引拔成环。
第1圈：5锁针起立（当作1长长针）。在基础环上钩1长长针。*钩2锁针，在基础环上钩2长长针。从*重复4次后，钩2锁针。用引拔针与起始的5锁针中的第5针闭合。
第2圈：5锁针起立（当作1长长针）。长长针钩1长长针。*在下一2锁针处2长长针，2锁针，2长长针。**接下来的2长长针上各钩1长长针。从*重复4次，再从*到**重复1次。用引拔针与起始的5锁针中的第5针闭合。
第3圈：1锁针起立（当作1短针）。2锁针，接下来的3长长针上各钩1短针。*在2锁针上钩1短针，2锁针，1短针。**接下来的3长长针上各钩1短针，2锁针，接下来的3长长针上各钩1短针。从*重复4次，再从*到**重复1次。在2长长针上各钩1短针。用引拔针与起始的1锁针闭合。
第4圈：用引拔针将线移到上圈2锁针处，1锁针起立（当作1短针）。6锁针，仍在2锁针上钩1短针。*6锁针，下一2锁针上钩1短针，10锁针，1短针，6锁针。**下一2锁针上钩1短针，6锁针，1短针。从*重复4次，再从*到**重复1次。用引拔针与起始的1锁针闭合。
第5圈：用引拔针将线移到上圈6锁针线圈上，1锁针起立（当作1短针），仍在这个线圈上钩1短针，2锁针，2短针。*6锁针上钩4短针。10锁针线圈上钩4短针，2锁针，4短针。下一6锁针钩4短针。**在6锁针线圈上钩2短针，2锁针，2短针。从*重复4次，再从*到**重复1次。用引拔针与起始的1锁针闭合，断线，将线头藏好，编织完成。

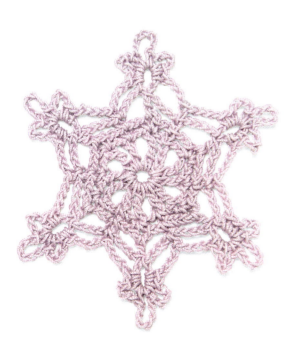

82 冰霜
作品展示见37页

这个六角造型的雪花片得名于冰霜的晶体结构。

作品直径：60mm
用线量：8.2m

基础环：钩6锁针，用引拔针引拔成环。
第1圈：1锁针起立（当作1短针），再钩11短针后用引拔针与起始的1锁针闭合。
第2圈：*5锁针，下一短针上钩2长长针，5锁针。**用引拔针将线移到下一短针上。从*重复4次，再从*到**重复1次。用引拔针与起始的引拔针闭合。
第3圈：用引拔针将线移到5锁针的第1针上，1锁针起立（当作1短针）。在这个5锁针上钩1短针。在长长针上钩1中长针，1长针，1锁针，下一长长针上钩1长针，1中长针。**接下来两个5锁针上各钩2短针。从*重复4次，再从*到**重复1次。下一5锁针上钩2短针。用引拔针与起始的1锁针闭合。
第4圈：用引拔针将线移到上圈短针处，1锁针起立（当作1短针）。*中长针上钩1短针，长针上钩1短针，5锁针并将最后4针引拔成环，1锁针。下一长针、中长针、短针上各钩1短针。1锁针。**跳过2短针，在第3个短针上购1短针。从*重复4次，再从*到**重复1次。用引拔针与起始的1锁针闭合，断线，将线头藏好，编织完成。

83 冻土
作品展示见36页

这片雪花象征着俄罗斯北部那些永远冰冻的土地。

作品直径：89mm
用线量：9.1m

基础环：钩6锁针，用引拔针引拔成环。
第1圈：1锁针起立（当作1短针），再钩11短针后用引拔针与起始的1锁针闭合。
第2圈：5锁针起立（当作1长长针），仍在刚才引拔针的位置再钩1长长针。下一短针上钩2长长针。*2锁针，接下来的2个短针上各钩2长长针。从*重复4次，用引拔针与起始的5锁针中的第5针闭合。
第3圈：2锁针起立（当作1中长针）。2长长针上各钩1短针，下一长长针上钩1中长针。2长长针上钩1短针，1长长针，2锁针，1长长针，1长针。**长长针上钩1中长针。从*重复4次，再从*到**重复1次。用引拔针与起始的2锁针中的第2针闭合。
第4圈：1锁针起立（当作1短针）。短针上钩1短针。*7锁针并将最后4针引拔成环，8锁针引拔成环，4锁针引拔成环，用2针引拔将线移到7锁针的第2针处，1锁针。下一短针上钩1短针。中长针、长针、长长针上各钩1短针。2锁针上钩2短针，4锁针引拔成环，2锁针。**长长针上，长针上，中长针上各钩1短针。从*重复4次，再从*到**重复1次。长长针、长针上各钩1短针。用引拔针与起始的1锁针闭合，断线，将线头藏好，编织完成。

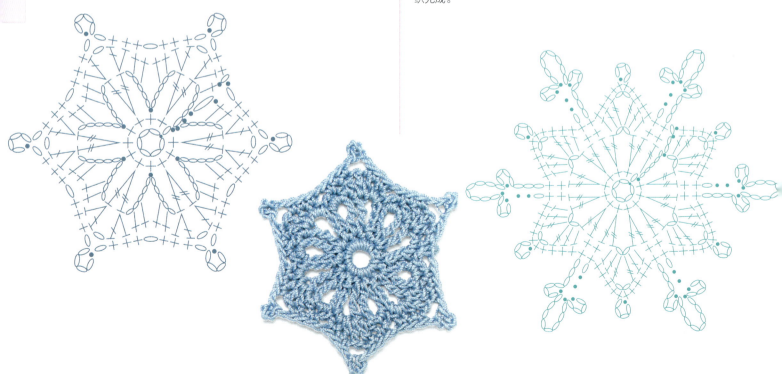

84 深秋的风
作品展示见37页

深秋的风显得阴冷，当它吹到山脚时风速加快，提醒人们冬季的到来。

作品直径：86mm
用线量：10.1m

基础环：钩6锁针，用引拔针引拔成环。
第1圈：1锁针起立（当作1短针），再钩11短针后用引拔针与起始的1锁针闭合。
第2圈：3锁针起立（当作1长针）。*2锁针，在短针上钩1长长针，2锁针。**下一短针上钩1长针。从*重复4次，再从*到**重复1次。用引拔针与起始的3锁针中的第3针闭合。
第3圈：用引拔针将线移到2锁针处，1锁针起立（当作1短针）。2锁针上钩1中长针，1长针。*下一长长针上钩1长针，2锁针，1长针。从*重复4次，再从*到**重复1次。用引拔针与起始的1锁针闭合。
第4圈：用引拔针将线移到上圈2锁针处（4次引拔），1锁针起立（当作1短针）。8锁针，仍在这个2锁针上再钩1短针。*8锁针，接下来的2锁针上钩1短针，8锁针，1短针。从*重复4次，钩8锁针。用引拔针与起始的1锁针闭合。
第5圈：用引拔针将线移到上圈8锁针处，1锁针起立（当作1短针）。在这个8锁针线圈上如下操作：[1短针，3锁针，1短针，3锁针，1短针，6锁针，1短针，3锁针，1短针，3锁针，2锁针]。*在接下来的8锁针上（两个8锁针线圈之间）钩[2短针，2中长针，1锁针，2中长针，2短针]。**在下一8锁针线圈上如下操作：[2短针，3锁针，1短针，3锁针，1短针，6锁针，1短针，3锁针，1短针，3锁针，2短针]。从*重复4次，再从*到**重复1次。用引拔针与起始的1锁针闭合，断线，将线头藏好，编织完成。

85 暴风雪
作品展示见37页

九月初的暴风雪，会有这种大片的、蓬松的雪花飘落下来。

作品直径：89mm
用线量：10.1m

基础环： 钩4锁针，用引拔针引拔成环。
第1圈： 3锁针起立（当作1长针）。*在基础环上钩3锁针，1长针。从*重复4次，再钩3锁针，后用引拔针与起始的3锁针中的第3针闭合。
第2圈： 用引拔针将线移到上圈3锁针处，3锁针起立（当作1长针）。仍在这个3锁针的位置钩1长针，2锁针，2长针。在剩下5个3锁针处钩2长针，2锁针，2长针。后用引拔针与起始的3锁针中的第3针闭合。
第3圈： 3锁针起立（当作1长针）。长针上钩1长针。*2锁针上钩1长针，2锁针，1长针。**接下来4长针处各钩1长针。从*重复4次，再从*到**重复1次。长针上钩2长针。用引拔针与起始的3锁针中的第3针闭合。
第4圈： 1锁针起立（当作1短针），接下来2长针上各钩1短针。*2锁针上钩1短针，1锁针，1短针，1锁针，1短针。3长针上各钩1短针。2锁针。**在接下来的3针长针上各钩3短针。从*重复4次，再从*到**重复1次。用引拔针与起始的1锁针中闭合。
第5圈： 用引拔针将线移到上圈第3针短针处，1锁针起立（当作1短针）。4锁针，仍在引拔针的位置再钩1短针。*1锁针，下一长针上钩1短针，然后作3个6锁针引拔成环，1短针。1锁针。接下来的短针上钩1短针，4锁针，1短针，2锁针。下一2锁针上钩1短针，3锁针，1短针，2锁针。**跳过3短针，在第4个短针上钩1短针，4锁针，1短针。从*重复4次，再从*到**重复1次。用引拔针与起始的1锁针闭合，断线，将线头藏好，编织完成。

86 米牛阿诺风
作品展示见36页

这片有着细密纹理的雪花得名于冬季巴西南部寒冷的西南风。

作品直径：76mm
用线量：9.1m

基础环： 钩6锁针，用引拔针引拔成环。
第1圈： 3锁针起立（当作1长针），在基础环上钩1长针。*钩2锁针，在基础环上钩2长针。从*重复4次后，钩2锁针。用引拔针与起始的3锁针中的第3针闭合。
第2圈： 用引拔针将线移到上圈2锁针处，3锁针起立（当作1长针）。在上圈2锁针上钩1长针，2锁针，2长针。在余下的5个2锁针上各钩2长针，2锁针，2长针。用引拔针与起始的3锁针中的第3针闭合。
第3圈： 1锁针起立（当作1短针），长针上钩1短针。*2锁针上钩1短针，3锁针，1短针。**接下来的4长针上各钩1长针。从*重复4次，再从*到**重复1次。2长针上各钩1短针。用引拔针与起始的1锁针中闭合。
第4圈： 1锁针起立（当作1短针）。*在3锁针上钩7长针。**跳过2短针，在下面2短针上各钩1短针。从*重复4次，再从*到**重复1次。跳过2短针，在下一短针上钩1短针。用引拔针与起始的1锁针闭合。
第5圈： 用引拔针将线移到上圈长针处。1锁针起立（当作1短针）。*2锁针，在接下来两个长针上各钩1短针，2锁针。第3个长针上钩1短针，6锁针，1短针。在第4、第5、第6三个长针上各钩2锁针、1短针。2锁针。**跳过2短针，长针上钩1短针。从*重复4次，再从*到**重复1次。用引拔针与起始的1锁针闭合，断线，将线头藏好，编织完成。

87	**加耶果风**

作品展示见39页

这款大气的雪花得名于西班牙和葡萄牙冬季寒冷而尖厉的北风。

作品直径： 95mm
用线量： 9.1m

基础环： 钩6锁针，用引拔针引拔成环。
第1圈： 1锁针起立（当作1短针），再钩11短针后用引拔针与起始的1锁针闭合。
第2圈： 1锁针起立（当作1短针）。*钩4锁针，跳过一针短针，在下一短针上钩1短针。从*重复4次后，钩4锁针。用引拔针与起始的1锁针闭合。
第3圈： 用引拔针将线移到上圈4锁针处，1锁针起立（当作1短针）。在这个4锁针上钩1长针，2锁针，1长针，1短针。在余下的5个4锁针上各钩1短针，1长针，2锁针，1长针，1短针。用引拔针与起始的1锁针闭合。
第4圈： 3锁针起立（当作1长针），*3锁针，下一2锁针上钩1短针。3锁针。**两个短针上各钩1长针。从*重复4次，再从*到**重复1次。短针上钩1长针。用引拔针与起始的3锁针中的第3针闭合。
第5圈： 3锁针起立（当作1长针），仍在此位置再钩1长针。*3锁针上钩2短针，下一短针上钩1短针，3锁针上钩2短针。下一长针上钩2长针，2锁针。**接下来的长针上钩2长针。从*重复4次，再从*到**重复1次。用引拔针与起始的3锁针中的第3针闭合。
第6圈： 1锁针起立（当作1短针），下一长针上钩1短针。*在接下来的2针短针上各钩1短针，3锁针，跳过1针短针，在接下来的2针短针、2针长针上各钩1短针。2锁针上钩1短针，5锁针引拔成环，8锁针将最后4针引拔成环，3锁针后用引拔针将线移到8锁针的第1针处，5锁针引拔成环，再在刚才2锁针处钩1短针。**接下来的2个长针上各钩1短针。从*重复4次，再从*到**重复1次。用引拔针与起始的1锁针闭合，断线，将线头藏好，编织完成。

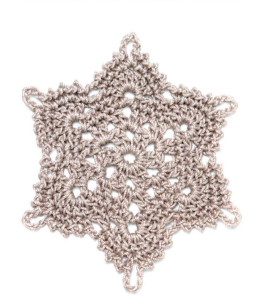

88 奥坦比诺
作品展示见39页

"奥坦"是一种在法国中南部出现的强烈东南风,大多数时候它是干燥的,被称之为"奥坦波拉"(即白色奥坦风)。但有时,奥坦风也会带来降雨或降雪,这时就叫做"奥坦比诺"(即黑色奥坦风)。

作品直径:86mm
用线量:10.1m

基础环: 钩6锁针,用引拔针引拔成环。
第1圈: 1锁针起立(当作1短针),再钩11短针后用引拔针与起始的1锁针闭合。
第2圈: 1锁针起立(当作1短针)。在接下来的短针处钩1短针。*钩5锁针,在下两个短针处各钩1短针。从*重复4次后,钩5锁针。用引拔针与起始的1锁针闭合。
第3圈: 1锁针起立(当作1短针)。*2锁针,短针上钩1短针,3锁针,在上圈5锁针的顶端钩1长针,3锁针。**下一短针处钩1短针。从*重复4次,再从*到**重复1次。用引拔针与起始的1锁针中闭合。
第4圈: 用引拔针将线移到上圈2锁针处,1锁针起立(当作1短针)。*3锁针上钩3短针,长针上钩1短针,3锁针,1短针。下一3锁针上钩3短针。**下一2锁针上钩1短针。从*重复4次,再从*到**重复1次。用引拔针与起始的1锁针闭合。
第5圈: 3锁针起立(当作1长针)。*4锁针,下一3锁针上钩1短针,8锁针,1短针,4锁针。**跳过4短针,在第5个短针(即两个角的中间)上钩1长针。从*重复4次,再从*到**重复1次。用引拔针与起始的3锁针中的第3针闭合。
第6圈: 1锁针起立(当作1短针)。*4锁针上钩3短针。在接下来的8锁针线圈上钩:[2短针,3锁针,1短针,4锁针,1短针,6锁针,1短针,4锁针,1短针,3锁针,2短针]。下一4锁针上钩3短针。**长针上钩1短针。从*重复4次,再从*到**重复1次。用引拔针与起始的1锁针闭合,断线,将线头藏好,编织完成。

技术难度:高级

| 89 | **雪 堆**
作品展示见38页 |
|---|---|

在家门口院子里，雪花被风吹到一个角落，有没有想过，这雪堆之中，会藏着如此温柔的雪花片呢？

作品直径： 89mm
用线量： 11m

基础环： 钩6锁针，用引拔针引拔成环。
第1圈： 1锁针起立（当作1短针），再钩11短针后用引拔针与起始的1锁针闭合。
第2圈： 1锁针起立（当作1短针）。*钩4锁针，跳过一针短针，在下一短针上钩1短针。从*重复4次后，钩4锁针。用引拔针与起始的1锁针闭合。
第3圈： 用引拔针将线移到上圈4锁针处，1锁针起立（当作1短针）。在这个4锁针上钩1长针，2锁针，1长针，1短针。在余下的5个4锁针上各钩1短针，1长针，2锁针，1长针，1短针。用引拔针与起始的1锁针闭合。
第4圈： 用引拔针将线移到上圈2锁针处，1锁针起立（当作1短针）。*7锁针，下一2锁针上钩1短针。从*重复4次，钩7锁针。用引拔针与起始的1锁针中闭合。
第5圈： 用引拔针将线移到上圈7锁针处，3锁针起立（当作1长针），仍在此位置再钩4长针，2锁针，5长针。在余下的5个7锁针上各钩5长针，2锁针，5长针。用引拔针与起始的3锁针中的第3针闭合。
第6圈： 3锁针起立（当作1长针），仍在此处再钩2长针。*2锁针，下一2锁针上钩1短针，2锁针。跳过4长针，在第5个长针上钩3长针，2锁针。**下一长针上钩3长针。从*重复4次，再从*到**重复1次。用引拔针与起始的3锁针中的第3针闭合。
第7圈： 用引拔针将线移到上圈2锁针处（需3次引拔），1锁针起立（当作1短针）。*3锁针，下一2锁针上钩1短针，4锁针。下一2锁针上钩1短针，8锁针，1短针，4锁针。**下一2锁针上钩1短针。从*重复4次，再从*到**重复1次。用引拔针与起始的1锁针闭合，断线，将线头藏好，编织完成。

90 白露
作品展示见39页

温度降低，露水凝结，就会形成白色的蕾丝雪花片，像这片雪花一样。

作品直径：83mm
用线量：7.3m

基础环： 钩6锁针，用引拔针引拔成环。
第1圈： 1锁针起立（当作1短针），再钩11短针后用引拔针与起始的1锁针闭合。
第2圈： 3锁针起立（当作1长针），在接下来的短针处钩1长针。*钩3锁针，在接下来的2短针处2长针。从*重复4次后，钩3锁针。用引拔针与起始的3锁针中的第3针闭合。
第3圈： 1锁针起立（当作1短针），在接下来的短针处钩1长针。*下一3锁针上钩1短针，1长针，4锁针，1长针，1短针。**在接下来的2长针处钩2短针。从*重复4次，再从*到**重复1次。用引拔针与起始的1锁针闭合。
第4圈： 用引拔针将线移到上圈第2个短针处，1锁针起立（当作1短针）。*下一长针上钩1短针，4锁针上如下操作：[1短针，6锁针引拔成环，1短针，1长针，7锁针并将最后6针引拔成环，两个6锁针引拔成环，用引拔针将线移到7锁针的第1针处，1长针，1短针，6锁针引拔成环，1短针]，接下来的长针和短针上各钩1短针，1锁针。**跳过2针短针，在第3针短针上钩1短针。从*重复4次，再从*到**重复1次。用引拔针与起始的1锁针闭合，断线，将线头藏好，编织完成。

技术难度：高级

91 克里维茨风
作品展示见38页

这片美丽的雪花片象征着克里维茨风——罗马尼亚冬季寒冷的北风。

作品直径：83mm
用线量：9.1m

基础环： 钩6锁针，用引拔针引拔成环。
第1圈： 1锁针起立（当作1短针），再钩11短针后用引拔针与起始的1锁针闭合。
第2圈： 3锁针起立（当作1长针），在接下来的短针处钩1长针。*钩5锁针，在接下来的2短针处2长针。从*重复4次后，钩5锁针。用引拔针与起始的3锁针中的第3针闭合。
第3圈： 1锁针起立（当作1短针）。*2锁针，在接下来的短针处钩1短针。下一5锁针上钩1短针，1中长针，1长针，4锁针，1长针，1中长针，1短针。**下一长针上钩1短针。从*重复4次，再从*到**重复1次。用引拔针与起始的1锁针闭合。
第4圈： 用引拔针将线移到上圈2短针处，1锁针起立（当作1短针）。*2锁针，下一4锁针上钩1短针，6锁针，1短针，10锁针，1短针，6锁针，1短针，2锁针。**下一2锁针上钩1短针。从*重复4次，再从*到**重复1次。用引拔针与起始的1锁针闭合。
第5圈： 3锁针起立（当作1长针）。*6锁针线圈上钩4短针。10锁针线圈上钩3短针，4锁针，3短针。6锁针线圈上钩4短针。**跳过1短针，下一短针上钩1长针。从*重复4次，再从*到**重复1次。用引拔针与起始的3锁针中的第3针闭合，断线，将线头藏好，编织完成。

高 级 图 案　101

92　永冻层
作品展示见38页

这片复杂的小雪花来自于极地的多年冻土，或一些长年冰冻的大地上。

作品直径：83mm
用线量：9.1m

基础环：钩6锁针，用引拔针引拔成环。

第1圈：1锁针起立（当作1短针），再钩11短针后用引拔针与起始的1锁针闭合。

第2圈：*5锁针，下一短针上钩2长长针，5锁针。**用引拔针将线移到下一短针上。从*重复4次，再从*到**重复1次。用引拔针与起始的引拔针闭合。

第3圈：用引拔针将线移到5锁针上，1锁针起立（当作1短针）。在这个5锁针上钩1短针。在长长针上钩1中长针，1长针，1锁针，下一长长针上钩1长针，1中长针。**接下来两个5锁针上各钩2短针。从*重复4次，再从*到**重复1次。下一5锁针上钩2短针，用引拔针与起始的1短针闭合。

第4圈：1锁针起立（当作1短针）。*5锁针，下一锁针上钩1长针，5锁针。跳过长针、中长针、短针。**两针短针上各钩1短针。从*重复4次，再从*到**重复1次。短针上钩1短针，用引拔针与起始的1锁针闭合。

第5圈：用引拔针将线移到5锁针的第1针上，1锁针起立（当作1短针）。在这个5锁针上钩4短针。*长针上钩1短针，2锁针，1短针。接下来的5锁针上钩5短针。8锁针并将最后4针引拔成环，2锁针，用引拔针将线移到8锁针的第1针（2次引拔）。**跳过2短针，下一5锁针上钩5短针。从*重复4次，再从*到**重复1次。用引拔针与起始的1锁针闭合，断线，将线头藏好，编织完成。

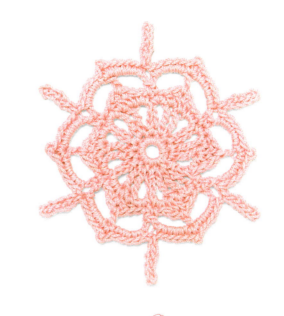

技术难度：高级

93 冰峰
作品展示见39页

大块的冰雪掉落海中，原有的冰山呈现出锋利的边缘。

作品直径：95mm
用线量：15.5m

基础环：钩6锁针，用引拔针引拔成环。
第1圈：3锁针起立（当作1长针），再钩11长针后用引拔针与起始的3锁针中的第3针闭合。
第2圈：3锁针起立（当作1长针）。接下来的11针短针上各钩2针长针。起始的引拔针上再钩1长针，用引拔针与起始的3锁针中的第3针闭合。
第3圈：*5锁针，接下来的2长针上各钩1长长针。5锁针。**用引拔针将线移过2针长针（共需2次引拔）从*重复4次，再从*到**重复1次。用引拔针与起始的引拔针闭合。
第4圈：*上圈5锁针上钩3短针，1中长针。长长针上钩1长针，1长长针，下一长长针上钩1长长针，1短针。下一5锁针上钩1中长针，3短针。跳过上圈的第1个引拔针，用引拔针与下一角起始位置的引拔针连接。从*重复5次。
第5圈：用引拔针将线移到上圈2长长针中间（共需7次引拔），1锁针起立（当作1短针）。*6锁针，在上圈引拔针的位置（两个角之间）钩1长长针。6锁针。**在两个长长针之间钩1短针。从*重复4次，再从*到**重复1次。用引拔针与起始的1锁针闭合。
第6圈：用引拔针将线移到上圈6锁针处，3锁针起立（当作1长针）。在6锁针上钩5长针，下一个6锁针上钩6长针。*短针上钩1长针，3锁针，1长针。在接下来的两个6锁针上各钩6长针。从*重复上述过程4次后，在第5圈闭合和引拔针上钩1长针，3锁针，1长针。用引拔针与起始的3锁针中的第3针闭合。
第7圈：1锁针起立（当作1短针）。接下来的12针短针上各钩1短针。*3锁针上钩2短针，2锁针，2短针。**接下来的14针短针上各钩1短针。从*重复上述过程4次后，再从*到**重复1次。长针上钩1短针。用引拔针与起始的1锁针闭合，断线，将线头藏好，编织完成。

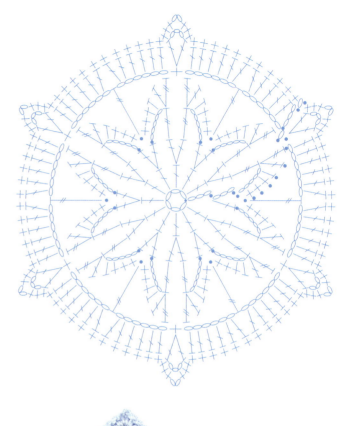

94 布拉风
作品展示见38页

这片优雅的雪花来自布拉风——保加利亚寒风的名字。

作品直径：102mm
用线量：11.9m

基础环： 钩6锁针，用引拔针引拔成环。
第1圈： 1锁针起立（当作1短针），再钩11短针后用引拔针与起始的1锁针闭合。
第2圈： 5锁针起立（当作1长长针）。*2锁针，在下一短针上钩1长长针。从*重复上述过程10次后，再钩2锁针，后用引拔针与起始的5锁针中的第5针闭合。
第3圈： 用引拔针将线移到上圈2锁针处，3锁针起立（当作1长针），仍在这个2锁针处钩2长针。下一2锁针处钩3长针。*2锁针，在下一2锁针上钩3长针。从*重复4次，钩2锁针。用引拔针与起始的3锁针中的第3针闭合。
第4圈： 1锁针起立（当作1短针），2长针上各钩1短针。*2锁针，3长针上各钩1短针。2锁针上钩1短针，1长针，6锁针引拔成环，1长针，1短针。**3长针上各钩1短针。从*重复4次，再从*到**重复1次。用引拔针与起始的1锁针闭合。
第5圈： 用引拔针将线移到上圈2锁针处，1锁针起立（当作1短针）。*6锁针引拔成环，仍在这个2锁针上再钩1短针。跳过3短针，在第4个短针上、下一长针上各钩1长针。在6锁针线圈上做如下操作[1短针，6锁针引拔成环，2短针，6锁针引拔成环，8锁针引拔成环，6锁针引拔成环，2短针，6锁针引拔成环，1短针]。在接下来的长针和短针上各钩1长针。**跳过3短针，在下一2锁针上钩1短针。从*重复4次，再从*到**重复1次。用引拔针与起始的1锁针闭合，断线，将线头藏好，编织完成。

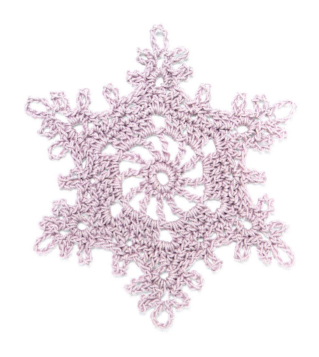

95 格兰博尔
作品展示见40页

这片边缘锋利的雪花得名于颗粒状的冰雹。

作品直径：79mm
用线量：11.9m

基础环：钩6锁针，用引拔针引拔成环。
第1圈：3锁针起立（当作1长针），再钩11长针后用引拔针与起始的3锁针中的第3针闭合。
第2圈：3锁针起立（当作1长针）。接下来的11长针上各钩2针长针。起始的引拔针上再钩1长针，用引拔针与起始的3锁针中的第3针闭合。
第3圈：3锁针起立（当作1长针）。*3锁针，跳过1长针，在下一长针上钩1长针。从*重复上述过程10次后，钩3锁针。用引拔针与起始的3锁针中的第3针闭合。
第4圈：用引拔针将线移到上圈3锁针处，1锁针起立（当作1短针）。在这个3锁针上钩3短针，下一3锁针上钩4短针。*2锁针，在接下来的2个上圈3锁针上各钩4短针。从*重复4次后，钩2锁针，用引拔针与起始的1锁针闭合。
第5圈：1锁针起立（当作1短针）。接下来的3短针上各钩1短针。*2锁针，接下来的4短针上各钩1短针。上圈2锁针的位置钩1短针，8锁针，1短针。**接下来的4短针上各钩1短针。从*重复4次，再从*到**重复1次。用引拔针与起始的1锁针闭合。
第6圈：用引拔针将线移到上圈2锁针处（共需4次引拔），1锁针起立（当作1短针）。*4锁针，跳过4锁针，用引拔针将线移到上圈第5短针处。在8锁针线圈上钩3短针，1中长针，1长针，1锁针，1长针，1中长针，3短针。用引拔针将线移到上圈下一短针处，4锁针。**跳过4锁针，在下一2锁针上钩1短针。从*重复4次，再从*到**重复1次。用引拔针与起始的1锁针闭合。
第7圈：1锁针起立（当作1短针）。*4锁针，用引拔针将线移到上圈的引拔针处，2锁针，跳过2短针，在第3针短针、中长针、长针上各钩1短针，在上圈1锁针上钩1短针，2锁针，1短针。在接下来的长针、中长针、短针上各钩1短针。跳过2针短针，用引拔针将线移到下一上圈引拔针处。4锁针。**下一短针上（两个角的中间）钩1短针。从*重复4次，再从*到**重复1次。用引拔针与起始的1锁针闭合，断线，将线头藏好，编织完成。

技术难度：高级

| 96 | **粒雪**
作品展示见41页 |
|---|---|

这片大型的雪花通常在古老冰川的顶端出现。

作品直径：83mm
用线量：11m

基础环： 钩6锁针，用引拔针引拔成环。
第1圈： 3锁针起立（当作1长针）。再钩11长针后用引拔针与起始的3锁针中的第3针闭合。
第2圈： 2锁针起立（当作1中长针）。*2锁针，在下一长针上钩1中长针。从*重复上述过程10次后，再钩2锁针，后用引拔针与起始的2锁针中的第2针闭合。
第3圈： 用引拔针将线移到上圈2锁针处，3锁针起立（当作1长针），仍在这个2锁针处钩2长针。下一2锁针处钩3长针。*1锁针，在下一2锁针上钩3长针。从*重复4次，钩1锁针。用引拔针与起始的3锁针中的第3针闭合。
第4圈： 3锁针起立（当作1长针），1长针上钩1长针。*接下来的4长针上钩2短针，2长针。1锁针上钩1长针，3锁针，1长针。**接下来的2长针上各钩1长针。从*重复4次，再从*到**重复1次。用引拔针与起始的3锁针中的第3针闭合。
第5圈： 1锁针起立（当作1短针），长针、2短针、3长针上各钩1短针。*下一3锁针上钩1短针，8锁针，1短针，8锁针，1短针，8锁针，1短针。**在接下来的3长针、2短针、3长针上各钩1短针。从*重复4次，再从*到**重复1次。上圈长针上钩1短针，用引拔针与起始的1锁针闭合。
第6圈： 用引拔针将线移到上圈第1个8锁针线圈的中间（共需10次引拔），1锁针起立（当作1短针）。在这个8锁针线圈上钩3短针，下一线圈上（第2个）钩3短针，2锁针，3短针。第3个线圈上钩4短针。*3锁针，在到下一角，第2个线圈上钩4短针，第2个线圈上钩3短针，2锁针，3短针。第3个线圈上钩4短针。从*重复4次，再钩3锁针，后用引拔针与起始的1锁针闭合，断线，将线头藏好，编织完成。

97 弗朗德风暴
作品展示见40页

一场弗朗德风暴（英格兰地区的暴雪）过后，这种精致的、星形的雪花也许会飘落于枝头，亮晶晶的。

作品直径：89mm
用线量：15.5m

基础环： 钩6锁针，用引拔针引拔成环。
第1圈： 1锁针起立（当作1短针），再钩11短针后用引拔针与起始的1锁针闭合。
第2圈： 3锁针起立（当作1长针），在接下来的短针处钩1长针。*钩3锁针，在接下来的2短针处钩2长针。从*重复4次后，钩3锁针。用引拔针与起始的3锁针中的第3针闭合。
第3圈： 3锁针起立（当作1长针），在接下来的长针处钩1长针。*下一3锁针上钩2长针，8锁针引拔成环，2长针。**在接下来的2长针上各钩1长针。从*重复4次，再从*到**重复1次。用引拔针与起始的3锁针中的第3针闭合。
第4圈： 1锁针起立（当作1短针）。*2锁针，在接下来的3长针上各钩1短针，上圈8锁针线环上钩1短针，[在同一8锁针线环上钩6锁针，1短针]5次。**接下来的3长针上各钩1短针。从*重复4次，再从*到**重复1次。接下来的2长针上各钩1短针。用引拔针与起始的1锁针闭合。
第5圈： 用引拔针将线移到上圈2锁针上，1锁针起立（当作1短针）。*1锁针，在接下来的5个6锁针线环上各钩3长针。1锁针。**下一个2锁针上（两束锁针环中间）钩1短针。从*重复4次，再从*到**重复1次。用引拔针与起始的1锁针闭合。
第6圈： 1锁针起立（当作1短针）。*在接下来的7针上各钩1短针。4锁针，跳过1短针（一束锁针环的中间），在接下来的7针上各钩1短针。**下1短针上钩1短针（两束锁针环中间）。从*重复4次，再从*到**重复1次。用引拔针与起始的1锁针闭合。
第7圈： 用引拔针将线移到第4针短针处（4次引拔），1锁针起立（当作1短针）。接下来的3短针上各钩1短针。*在4锁针上钩1短针，2锁针，1短针。4短针上各钩1短针。6锁针。**跳过7针，在接下来的4针短针上各钩1短针。从*重复4次，再从*到**重复1次。用引拔针与起始的1锁针闭合，断线，将线头藏好，编织完成。

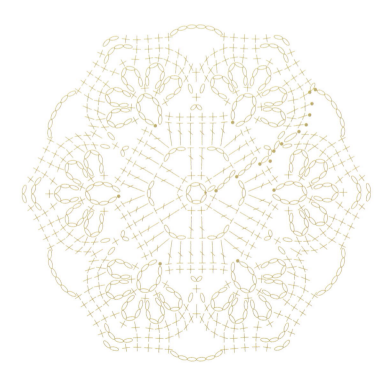

98 蓝冰

作品展示见40页

蓝冰通常为独立的大型晶体结构，在冰川上较为常见。

作品直径：95mm
用线量：16.5m

基础环： 钩6锁针，用引拔针引拔成环。

第1圈： 3锁针起立（当作1长针）。再钩11长针后用引拔针与起始的3锁针中的第3针闭合。

第2圈： 1锁针起立（当作1短针）。*2锁针，在下一长针上钩1短针。从*重复上述过程10次后，再钩2锁针，后用引拔针与起始的1锁针闭合。

第3圈： 用引拔针将线移到上圈2锁针处，1锁针起立（当作1短针），仍在这个2锁针处钩1短针。余下的11个2锁针上各钩2短针。用引拔针与起始的1锁针闭合。

第4圈： *5锁针，2短针上各钩1长长针，5锁针。**用引拔针将线移到第2针短针处。从*重复4次，再从*到**重复1次。用引拔针与起始的引拔针闭合。

第5圈： *5锁针上钩3短针，1中长针。长长针上钩1长针，1长长针。下一长长针上钩1长长针，1长针。下一5锁针上钩1中长针，3短针。用引拔针将线移到下一角上。从*重复5次。

第6圈： 用引拔针将线移到上圈雪花尖角上两个长长针的中间（共需6次引拔），1锁针起立（当作1长针）。*6锁针，在两角之间的引拔针上钩1长长针，6锁针。**在下一雪花尖角上两个长长针的中间钩1短针。从*重复4次，再从*到**重复1次。用引拔针与起始的1锁针闭合。

第7圈： 用引拔针将线移到上圈6锁针处，5锁针起立（当作1长长针）。仍在这个6锁针处钩2长针，2中长针，3短针。*下一6锁针处钩3短针，2中长针，2长针，1长长针。**下1短针上钩2长针，6锁针处钩1长针，2长针，2中长针，3短针。从*重复4次，再从*到**重复1次。引拔针上钩2长针。用引拔针与起始的5锁针中的第5针闭合。

第8圈： 1锁针起立（当作1短针）。在接下来的2长针、2中长针、2短针上各钩1短针（共6针）。*1锁针，跳过2短针，在接下来的2长针、2中长针、2长针和1长长针上各钩1短针（共7针）。接下来的长长针上钩1短针、1中长针、2锁针，下1长长针上钩1中长针、1短针。**接下来的1长长针、2长针、2中长针、2短针上各钩1短针。从*重复4次，再从*到**重复1次。用引拔针与起始的1锁针闭合，断线，将线头藏好，编织完成。

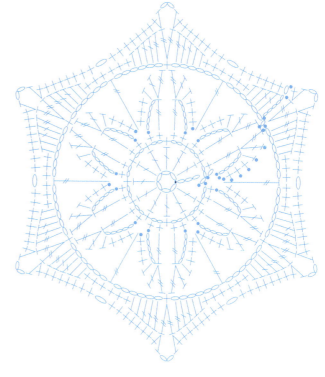

99 大雪
作品展示见41页

这种大片的雪花也许只有在大雪天气才能被风吹到遥远的地方。

作品直径：105mm
用线量：12.8m

基础环： 钩6锁针，用引拔针引拔成环。
第1圈： 1锁针起立（当作1短针），再钩11短针后用引拔针与起始的1锁针闭合。
第2圈： 3锁针起立（当作1长针），在接下来的短针处钩1长针。*钩3锁针，在接下来的2短针处钩2长针。从*重复4次后，钩3锁针。用引拔针与起始的3锁针中的第3针闭合。
第3圈： 用引拔针将线移到上圈3锁针处，2锁针起立（当作1中长针）。在这个3锁针上钩1长针，2锁针，1长针，1中长针。*1锁针，下一3锁针上钩1中长针，1长针，2锁针，1长针，1中长针。从*重复4次，钩1锁针。用引拔针与起始的2锁针中的第2针闭合。
第4圈： 1锁针起立（当作1短针）。*下一长针上钩1长针。2锁针上钩1长针，1锁针，1长针。长针上钩1长针，中长针上钩1短针，用引拔针将线移到锁针处。**中长针上钩1短针。从*重复4次，再从*到**重复1次。用引拔针与起始的1锁针闭合。
第5圈： 用引拔针将线移到上圈1锁针处（3次引拔），1锁针起立（当作1短针）。*5锁针，上圈引拔针处（两角之间）钩1长针。5锁针。**下一锁针上钩1短针。从*重复4次，再从*到**重复1次。用引拔针与起始的1锁针闭合。
第6圈： 用引拔针将线移到上圈5锁针处（1次引拔），5锁针起立（当作1长长针）。仍在这个5锁针上钩2长针，1中长针，2短针。*下一5锁针上钩2短针，1中长针，2长针，1长长针。**接下来的短针处钩2长长针，下一5锁针上钩1长长针，2长针，1中长针，2短针。从*重复4次，再从*到**重复1次。在第5圈闭合的引拔针上钩2长长针。用引拔针与起始的5锁针中的第5针闭合。
第7圈： 用引拔针将线移到上圈短针处（即两角中间的位置，共需5次引拔），1锁针起立（当作1短针）。6锁针引拔成环。*下一短针上钩1短针，6锁针，在下一长长针上钩1短针。10锁针与起始的短针引拔成环，在紧挨着的长长针上钩1短针，6锁针。**跳过长长针，2长针，1中长针，1短针，在下一短针上（即两角中间的位置）钩1短针，6锁针与起始的短针引拔成环。从*重复4次，再从*到**重复1次。用引拔针与起始的1锁针闭合，断线，将线头藏好，编织完成。

100 奥斯吐风
作品展示见41页

这片花纹繁复的蕾丝雪花得名于冬季罗马尼亚的东风或东南风。

作品直径：89mm
用线量：17.4m

基础环： 钩6锁针，用引拔针引拔成环。
第1圈： 1锁针起立（当作1短针），再钩11短针后用引拔针与起始的1锁针闭合。
第2圈： 1锁针起立（当作1短针）*下一短针上钩1长针，6锁针，1锁针。**下一短针上钩1短针。从*重复4次，再从*到**重复1次。用引拔针与起始的1锁针闭合。
第3圈： 1锁针起立（当作1短针）。*6锁针上钩4短针，2锁针，4短针。**跳过1短针（即线圈底部那针），下一短针（两角之间）上钩1短针。从*重复4次，再从*到**重复1次。用引拔针与起始的1锁针闭合。
第4圈： 用引拔针将线移到上圈2锁针处（共需5次引拔），1锁针起立（当作1短针）。*4锁针，跳过4锁针，在第5针短针（两角之间）上钩1长针。4锁针。**下一2锁针上钩1短针。从*重复4次，再从*到**重复1次。用引拔针与起始的1锁针闭合。
第5圈： 用引拔针将线移到上圈4锁针处，3锁针起立（当作1长针）。仍在这个4锁针上钩3长针。*下一4锁针上钩4长针。**短针上钩1长针，2锁针，1长针。下一4锁针上钩4长针。从*重复4次，再从*到**重复1次。第4圈的引拔针上钩1长针，2锁针，1长针。用引拔针与起始的3锁针中的第3针闭合。
第6圈： 用引拔针将线移到上圈第3个长针处，1锁针起立（当作1短针）。6锁针，下一长针上钩1短针。*4锁针，上圈2锁针钩1短针后再3次如下操作〔1短针，6锁针，1短针〕。4锁针。**跳过4长针，第5针长针上钩1短针。6锁针，下一长针上钩1短针。从*重复4次，再从*到**重复1次。用引拔针与起始的1锁针闭合。
第7圈： *在上圈6锁针线圈上钩3短针，2锁针，3短针。用引拔针将线移到下一短针上（即6锁针的底部）。2锁针，上圈4锁针上钩1短针。接下来的3个6锁针线圈上各钩3短针。4锁针上钩1短针，2锁针。**用引拔针将线移到下一短针（即下一线圈的起始处）上。从*重复4次，再从*到**重复1次。用引拔针与起始的引拔针闭合。
第8圈： 用引拔针将线移过3个短针，到上圈2锁针处（共需4次引拔），1锁针起立（当作1短针）。*4锁针，跳到接下来一束3个线环上面的第2个短针上（要跳过3短针，1引拔针，2锁针，2短针），在这1针上钩1短针，下1针短针上钩1中长针，下1针短针上钩1长针，下一短针上钩1长长针，1锁针，1长长针。接下来的短针上钩1长针，1中长针，1短针。4锁针。**2锁针上钩1短针。从*重复4次，再从*到**重复1次。用引拔针与起始的1锁针闭合，断线，将线头藏好，编织完成。

技术难度：高级

4 作品展示

雪花片是如此美丽,易于上手又富于变化,让人简直无法停手。如果你想给自己找个理由多钩一些雪花片,这部分内容会为你提供不少灵感。

让人温暖的帽子和手套 | 113

作品1：让人温暖的帽子和手套

孩子们时常在下雪的时候做这样的游戏：把小雪花放在毛茸茸的手套上，看着它渐渐融化为一颗小水滴。现在有一个办法让雪花永远存在下去——那就是，钩织一片可爱的雪花并把它固定在帽子或手套上。

作品2：可爱的礼物标签和卡片

冬日里的节日或者其他任何值得庆祝的日子，你都可以钩织几片雪花片粘贴在卡片上，做成可爱的礼物标签和贺卡。这份独一无二的礼物一定会让收到它的朋友激动得尖叫。

作品3：灵动而梦幻的风铃挂饰

雪花片在风中轻轻摇曳，这是一个多么梦幻的场景啊！选取不同颜色、不同材质的线钩织几片雪花，找根绳子和小木棍把它们挂起来，你的梦境就成真了！风铃挂饰可以挂在婴儿床头，阳光房的窗口，或者儿童房里。

作品4：雪花装饰的靠垫

在靠垫或枕头上缝几片雪花片，平常的用品立刻变成了精美的艺术品。装饰雪花片的枕头或靠垫最好选用较为细密的材质（如亚麻或平绒），你可以集中几种不同的雪花片造型，也可以采用不同材质、颜色的线材，总之，适合就好！起居室里，或者窗口的椅子上放上这么几个靠垫，当阳光照射进来，你会觉得生活是如此美妙。

作品5：雪花小挂件

单片的雪花片可以挂在窗上、门上、圣诞树上或者其他任何你想挂的地方，相信它一定会为你的房间增添一抹亮色。雪花片钩好以后，可以在雪花片上缝一些闪光的小珠子。不要担心，又轻又小的小珠子不会把雪花片压坏的，按你想要的样子来装饰吧！

作品6：冰雪艺术镜框

将钩好的雪花片裱在镜框里挂起来，也是一件艺术品。你可以钩一个大型的雪花片作品，或者钩几片小的——尺寸完全由你自己控制。而且，正因为可以根据尺寸设计不同大小的雪花片，你也就可以把家中闲置的镜框都做成这样的冰雪艺术镜框，这真是一个废物利用的好方法！

作品7：漫天飞雪的披肩

用你最喜欢的毛线为自己钩一条漫天飞雪的披肩吧！本作品采用的是72页的"雪月"花样，羊驼真丝线。钩数片雪花片后把它们缝合起来，也可以一边钩一边连接，只要使用引拔针将雪花的尖角连接起来即可。